市政公用设施建设项目经济评价方法与参数

中华人民共和国住房和城乡建设部　发布

中　国　计　划　出　版　社

2008　北　京

图书在版编目（CIP）数据

市政公用设施建设项目经济评价方法与参数／住房城乡建设部标准定额研究所主编．—北京：中国计划出版社，2008.12（2021.5 重印）

ISBN 978-7-80242-263-6

Ⅰ．市…　Ⅱ．住…　Ⅲ．城市公用设施—市政工程—项目评价　Ⅳ．TU99

中国版本图书馆 CIP 数据核字（2008）第 179542 号

市政公用设施建设项目经济评价方法与参数

中华人民共和国住房和城乡建设部　发布

中国计划出版社出版发行

网址：www.jhpress.com

地址：北京市西城区木樨地北里甲 11 号国宏大厦 C 座 3 层

邮政编码：100038　电话：（010）63906433（发行部）

三河富华印刷包装有限公司印刷

787mm×1092mm　1/16　12.5 印张　278 千字

2008 年 12 月第 1 版　2021 年 5 月第 3 次印刷

印数 7501—9000 册

ISBN 978-7-80242-263-6

定价：68.00 元

住房和城乡建设部关于批准发布《市政公用设施建设项目经济评价方法与参数》的通知

建标〔2008〕162 号

各省、自治区、直辖市、计划单列市建设厅（委、局），新疆生产建设兵团建设局：

根据《关于印发〈二〇〇三年工程项目建设标准、投资估算指标、建设项目评价方法与参数编制项目计划〉的通知》（建标函〔2004〕43 号），我们组织编制了《市政公用设施建设项目经济评价方法与参数》，现予以发布，自 2009 年 1 月 1 日起施行。

在市政公用设施建设项目经济评价工作中，应按照《建设项目经济评价工作的若干规定》和本建设项目经济评价方法与参数执行，不断提高投资决策的科学化水平。

本建设项目经济评价方法与参数的管理和解释工作由住房和城乡建设部负责。

中华人民共和国住房和城乡建设部

二〇〇八年九月五日

编制说明

《市政公用设施建设项目经济评价方法与参数》（以下简称《市政项目方法与参数》）是根据原建设部下达的任务，由住房和城乡建设部标准定额研究所组织有关单位和专家共同编制的。

编制过程中，编制组开展了广泛深入的调查研究，收集了大量资料，在认真总结市政项目经济评价经验教训、开展专题研究的基础上，根据市政公用事业改革发展的政策导向，结合市政行业经济评价的特点，以《建设项目经济评价方法与参数》（第三版）为依据，确定了《市政项目方法与参数》的内容。

征求意见稿两次在全国范围内征求意见后，经反复修改完成送审稿，并于2006年11月通过了由原建设部标准定额司与国家发展改革委投资司共同组织的审查。

《市政项目方法与参数》由综合篇、供水篇、排水篇、供热篇、燃气篇、垃圾处理篇和城市轨道交通篇组成。综合篇规定市政项目经济评价的主要原理和方法，侧重于共性方面的内容；专业篇根据市政各行业的特点，规定了不同类型项目经济评价内容和方法，对收入、成本费用、价格、参数等的确定方法进行具体的规定。

《市政项目方法与参数》由住房和城乡建设部标准定额研究所主编，并负责综合篇的编制、各专业篇的协调和总纂工作。六个专业篇分别由上海市政工程设计研究总院、中国市政工程中南设计研究院、中国市政工程华北设计研究院、中国市政工程西南设计研究院、北京市市政工程设计研究总院、北京城建设计研究总院有限责任公司起草完成。中国市政工程东北设计研究院、中国市政工程西北设计研究院、城市建设研究院、北京市煤气热力工程设计院有限公司、上海市隧道工程轨道交通设计研究院和广州市地下铁道总公司等单位参加了部分编制工作。

在《市政项目方法与参数》的使用过程中，请各有关部门和单位注意总结经验，积累资料。如发现需要修改和补充之处，请将意见告住房和城乡建设部标准定额司（地址：北京市三里河路9号，邮政编码：100835），以便今后修订时参考。

二〇〇八年十月八日

目　录

综合篇

供水篇

排水篇

供热篇

燃气篇

垃圾处理篇

城市轨道交通篇

综　合　篇

1 总　　则

1.1 编制依据及目的

为适应市政公用设施建设发展的需要，规范市政公用设施建设项目（以下简称“市政项目”）经济评价工作，提高经济评价质量和项目决策的科学化水平，根据2006年国家发展和改革委员会、建设部发布的《建设项目经济评价方法与参数》（第三版）〔以下简称“《方法与参数》（第三版）”〕，结合市政项目的特点，制定《市政公用设施建设项目经济评价方法与参数》（以下简称“《市政项目方法与参数》”）。

1.2 适用范围

《市政项目方法与参数》适用于市政供水、排水、供热、燃气、垃圾处理、城市轨道交通以及城市道路和桥梁（待发）等专业建设项目的前期研究工作（包括规划、机会研究、项目建议书和可行性研究阶段），项目中间评价和后评价可参照使用。

1.3 市政项目及评价特点

市政项目经济评价应考虑市政项目的以下特点：

1. 市政项目的主要特征表现为公用性、公益性、自然垄断性、服务网络性以及政府主导性。

2. 市政项目的产品（服务）均为城市居民生活必需，价格弹性较小，需求相对稳定，并长期随着经济与社会的发展而不断增长。项目现金流稳定，投资回报长期稳定，但投资巨大、资本沉淀性强、收益率较低、投资回收期长。

3. 市政项目经济评价不应追求项目的盈利性，重在考察项目的生存能力、成本和社会目标。

4. 在城市总体规划与专项规划的指导下，市政项目建设规模既要满足城市近期需要，又要考虑中长期发展的经济合理性；在以社会主义市场经济为导向的经济体制改革原则指导下，既要考虑当前市政公用设施服务的实际情况，也要考虑长期市场经济改革与发展趋势。

5. 政府是市政公用事业的责任主体，对市政公用事业实施行业监管和以价格（收费标准）监管为核心的规制。政府通过规划和产业政策，对市政建设进行引导和调控。在我国城市基础设施建设处于发展时期，政府投资将起主导作用。

6. 市政项目大多具有显著的正面外部效果，有些项目也会伴随一些负面影响，有些外部效果是无形的。合理界定项目外部效果的空间范围、时间跨度和影响程度是经济评价的重要工作，将外部效果货币化是经济评价的关键。

7. 市政项目具有网络效应、规模经济效益和集合影响，单个项目经济评价往往不能完整反映项目之间的关联效益和关联成本。从区域容量或区域规划的角度，对项目群进行综合经济分析，有利于优化资源配置、降低不利影响、统筹建设时序和投资重点。

1.4 项目分类

根据项目特点，在经济评价中可将市政项目划分为三种类型：

第一类项目，指按照国家关于深化国有企业改革和公用事业改革要求，在体制上、机制上发生根本性变化，项目实体实行自主经营、自负盈亏的项目，以及采用特许经营模式的项目。

第二类项目，指因政策性原因造成价格（收费标准）不到位，难以补偿项目运营成本、回收投资，需要政府在一定时期给予运营补贴的项目。

第三类项目，指不实行收费，全部由政府投资建设，并给予长期运营补贴的项目。

1.5 内容选择

项目经济评价内容，应根据项目性质、项目目标、项目投资者、项目财务主体以及项目对经济与社会的影响程度等选择。

实行收费的市政项目均应进行财务分析。对于土地、环境和社会影响较大的市政项目，以及涉及系统布局或跨地域的市政项目，应进行经济费用效益定量分析；其他市政项目可进行经济费用效益定性分析，有要求时应进行经济费用效益定量分析。

不实行收费的市政项目，只进行财务生存能力分析（资金预算平衡分析），有条件时可做经济费用效益分析。

1.6 评价原则

市政项目经济评价应在保证客观、科学、公正的基础上，遵循“有无对比”，效益与费用口径对应一致，风险与收益权衡，定量分析与定性分析相结合、以定量分析为主，以及动态分析与静态分析结合、以动态分析为主等原则。

1.7 评价结论

实行收费的市政项目，财务分析的结论应作为决策的主要依据。

同时进行财务分析和经济费用效益分析的项目，两个结论均可行时可予以通过；对经济费用效益分析不可行的项目，一般应予否定；如经济费用效益分析结论可行，但财务分析结论不可行时，应重新考虑方案，使项目具有财务生存能力。

1.8 价格体系

市政项目财务分析，投入应采用以市场价格体系为基础的预测价格，产出宜采用项目预期财务价格。在建设期内，一般应考虑投入的相对价格变动及价格总水平变动；在运营期内，若不能确定投入与产出的价格变动，一般可采用项目运营期初的价格；若能合理判断未来市场价格趋势，可采用相对变动价格。有要求时，运营期也可考虑价格总水平的变动。

市政项目经济费用效益分析应采用影子价格，在计算期内各年均不考虑物价总水平上涨因素。

1.9 计算期

市政项目经济评价计算期包括建设期和运营期。建设期应参照项目建设的合理工期或建设进度计划合理确定；运营期应根据各专业项目特点参照项目的合理经济寿命期确定。

当借款偿还期有特殊要求时（如借款偿还期长于设定的运营期），可按借款偿还期确定运营期。

1.10 评价参数

用于经济费用效益分析的社会折现率、影子汇率换算系数和影子工资换算系数，采用国家有关部门规定的数值。

用于财务分析的财务基准收益率等行业参数可参考各专业篇提供的数值；其他参数可由评价人员根据项目的具体情况确定。考虑地区间经济条件不平衡，有些行业参数提供了区间值。为使项目之间具有可比性，同一地区应使用同一参数。

2 财务效益与费用估算

2.1 作用与原则

财务效益与费用估算是财务分析的重要基础，其准确性与可靠程度对项目财务分析结论影响极大。项目的财务效益是指项目实施后所获得的营业收入和可能获得的各种补贴收入。项目所支出的费用主要表现为投资、成本费用和税金等。财务效益与费用估算应遵循计算口径对应一致和“有无对比”的原则；应反映市政各行业的特点，符合依据明确、价格合理、方法适宜和表格清晰的要求。

2.2 需求分析

需求分析是对项目投入与产出的市场容量、价格以及可能存在的风险等进行分析预测，为确定项目建设规模和产品方案提供依据。市政项目的建设规模应依据城市总体规划和专项规划，结合对现状、近期、远期城市及项目功能区内产业结构、经济增长和人口增长的分析预测，合理确定。

2.2.1 需求数据的分析和确认

项目经济评价以项目建议书和可行性研究报告确定的项目建设规模为依据，在进行财务效益与费用估算之前，应对以下内容进行分析和确认：

1. 项目产品（服务）的目标市场有效需求的预测分析数据。
2. 项目建设规模、产品（服务）方案。
3. 采用的价格基点、价格体系。
4. 产品（服务）价格的预测方法和所采用价格的合理性。

2.2.2 产品（服务）价格测算

1. 项目预期财务价格。市政项目的预期财务价格是指能保证项目自身的投资与运营成本全额回收并略有盈余时项目产出应当实现的价格。

项目预期财务价格的测算原则为“先补偿成本，在可能的条件下实现保本微利”。项目预期财务价格应考虑资源价格（在直接利用自然资源时）、工程建设投资、运营成本和费用、维持运营投资、税收和利润等因素。

（1）项目预期财务价格测算，应符合下列要求：

1）遵循价格形成机制。

2）满足项目财务生存能力要求。

3）符合有关法律、法规、政策和现行财税制度。

4）考虑属地资源条件、经济社会发展水平、政府的财力、消费者的支付意愿和承受能力。

5）遵循资源节约和保护生态、环境的要求。

（2）项目预期财务价格测算方法，应根据行业的特点和行业的习惯做法选择。测算方法一般包括：

1）成本加成法。成本加成法是指价格等于成本、税金及利润之和。所采用的成本应控制在合理水平；利润率一般参考同类项目或根据投资方期望水平综合确定，并应控制在较低水平。

2）合理收益定价法（也称价格反推法）。合理收益定价法是指通过设定的合理收益率来反推价格。这种价格能保证项目具有财务生存能力，其收益能被政府或其他投资方所接受。

3）类比价格法。类比价格法是指在参考行业同类项目产出价格的基础上，结合项目本身的特点和风险情况进行适当调整后的价格。

4）现价调整法。现价调整法是指在现行价格基础上进行适当调整后的价格。

2．现行价格。现行价格是指由城市政府价格主管部门经过价格决策的法定程序，核定并实施的市政产品（服务）的价格（收费标准）。

现行价格考虑了整个城市现有该类产品的提供能力，今后该类产品的需求与发展趋势，以及现在的运营成本、价格（收费标准）形成的历史沿革，用户的消费水平与承受能力等因素。

现行价格综合了厂、网、已建、在建以及行业可持续发展等多方面因素，而项目财务预期价格只考虑项目本身的因素，二者在范围和内涵上均有不同。现行价格可用于财务预期价格的分析比较。

对于某些项目产出固定目标用户的行业，通常将现行价格作为测算财务预期价格的基础价格，当预测的行业成本水平处于平稳时期，可以现行价格作为财务预期价格；当预测的原材料、燃料动力等成本要素处于价格上升期时，需要对现行价格进行合理调整后设定为财务预期价格。

3．含税价格与不含税价格。对于适用增值税的项目，运营期内投入与产出的估算报表宜采用不含增值税价格；若采用含增值税价格，应予以说明，并调整部分表格（主要是利润与利润分配表、财务计划现金流量表、项目投资现金流量表和项目资本金现金流量表）的相关科目。

2.2.3　运营计划

估算营业收入之前应通过制定运营计划，确定各期运营负荷。

各期运营负荷（产品或服务的数量）应根据技术的成熟度、需求量的增减变化等因素，结合行业和项目特点，通过制定运营计划，合理确定。

2.3　效益估算

2.3.1　营业收入

营业收入是指销售产品或提供服务所获得的收入。营业收入估算的基础数据，包括产品（服务）的数量和价格。

项目评价中营业收入估算的基本假定：当期的产出（扣除自用量后）当期全部销售，即当期产品（服务）量等于当期销售商品（提供服务）量。在市政网络性项目的营业收入中，还应扣除在输送、贮存和销售环节的损耗（又称产销差），一般以产销差率表示。

2.3.2　补贴收入

按照《企业会计制度》规定，补贴收入是指与项目收益相关的政府补助，包括政府按销量或工作量等依据国家规定的补助定额计算并按期给予的定额补贴，以及属于国家财政扶持的领域而给予的其他形式的补贴。

按照《企业会计准则》，企业从政府无偿取得的货币性资产或非货币性资产称为政府补助，并按照是否形成长期资产区分为与资产相关的政府补助和与收益相关的政府补助。在项目财务分析中，作为运营期财务效益核算的应是与收益相关的政府补助。

按照财政部、国家税务总局《关于企业补贴收入征税等问题的通知》（财税字［1995］81号），企业取得国家财政性补贴和其他用途补贴收入，除国务院、财政部和国家税务总局规定不计入损益者外，应一律并入实际收到该补贴收入年度的应纳税所得额。

2.4　费用估算

2.4.1　建设投资

建设投资估算应在给定的建设规模、产品（服务）方案和工程技术方案的基础上，估算项目从开始建设到投入运营前所需的费用。

市政项目的建设投资由工程费用（建筑工程费、安装工程费、设备购置费）、工程建设其他费用和预备费（基本预备费和涨价预备费）组成，其中工程建设其他费用构成视行业和项目情况的不同而有所区别。

建设投资估算的内容与深度应满足项目投资决策各阶段的要求，并为融资决策提供基础。

建设投资的分年使用计划应根据项目进度计划安排，明确各期投资额以及其中的外汇和人民币额度。

2.4.2　经营成本

经营成本是项目经济评价中所使用的特定概念，是运营期的主要现金流出，其构成可用下式表示：

$$经营成本=外购原材料、燃料及动力费+职工薪酬+修理费+其他费用 \tag{2.4.2}$$

式中　其他费用是指从制造费用、管理费用和营业费用中扣除了折旧费、摊销费、修理费、职工薪酬以后的其余部分。

2.4.3　流动资金

流动资金是指运营期内长期占用并周转使用的营运资金，不包括运营中需要的临时性营运资金。流动资金估算的基础是经营成本和商业信用等。

1．流动资金按行业规定或前期研究阶段的不同可选用扩大指标估算法或分项详细估算法。

（1）扩大指标估算法是参照同类企业流动资金占营业收入或经营成本的比例，或单位产量占用营运资金的数额估算流动资金。在项目初期研究阶段一般可采用扩大指标估算法。在可行性研究阶段可从行业规定或习惯做法。

（2）分项详细估算法是利用流动资产与流动负债估算项目占用的流动资金。一般先对流动资产和流动负债主要构成要素进行分项估算，进而估算流动资金。流动资产的构成要素一般包括存货、现金、应收账款和预付账款；流动负债的构成要素一般只考虑应付账款和预收账款。流动资金应按下式计算：

$$\text{流动资金}=\text{流动资产}-\text{流动负债} \qquad (2.4.3-1)$$

$$\text{流动资产}=\text{应收账款}+\text{预付账款}+\text{存货}+\text{现金} \qquad (2.4.3-2)$$

$$\text{流动负债}=\text{应付账款}+\text{预收账款} \qquad (2.4.3-3)$$

$$\text{流动资金本年增加额}=\text{本年流动资金}-\text{上年流动资金} \qquad (2.4.3-4)$$

流动资金估算的具体步骤是首先确定各分项最低周转天数，计算出周转次数，然后进行分项估算。

1）周转次数的计算：

$$\text{周转次数}=360\text{天}/\text{最低周转天数} \qquad (2.4.3-5)$$

各类流动资产和流动负债的最低周转天数可参照同类企业的平均周转天数并结合项目特点确定，或按行业规定。在确定最低周转天数时应考虑储存天数、在途天数，并考虑适当的保障系数。

2）流动资产估算：

①存货估算。市政项目评价中存货仅考虑外购原材料、燃料、其他材料、在产品和产成品，并分项进行计算。计算公式为：

$$\text{存货}=\text{外购原材料、燃料}+\text{其他材料}+\text{在产品}+\text{产成品} \qquad (2.4.3-6)$$

$$\text{外购原材料、燃料}=\text{年外购原材料、燃料费用}/\text{分项周转次数} \qquad (2.4.3-7)$$

$$\text{其他材料}=\text{年其他材料费用}/\text{其他材料周转次数} \qquad (2.4.3-8)$$

$$\text{在产品}=(\text{年外购原材料、燃料及动力费用}+\text{年职工薪酬}+\text{年修理费}+\text{年其他制造费})/\text{在产品周转次数} \qquad (2.4.3-9)$$

$$\text{产成品}=(\text{年经营成本}-\text{年其他营业费用})/\text{产成品周转次数} \qquad (2.4.3-10)$$

②应收账款估算。应收账款是指企业对外销售产品、提供服务尚未收回的资金，计算公式为：

$$\text{应收账款}=\text{年经营成本}/\text{应收账款周转次数} \qquad (2.4.3-11)$$

③预付账款估算。预付账款是指企业为购买各类材料、半成品或服务所预先支付的资金，计算公式为：

预付账款 = 外购商品或服务年费用/预付账款周转次数 (2.4.3-12)

④现金需要量估算。项目流动资金中的现金是指为维持项目正常生产运营必须预留的货币资金，计算公式为：

现金 = （年职工薪酬 + 年其他费用）/现金周转次数 (2.4.3-13)

年其他费用 = 制造费用 + 管理费用 + 营业费用 - （以上三项费用中所含的职工薪酬、折旧费、摊销费、修理费） (2.4.3-14)

3）流动负债估算。项目评价中，流动负债的估算可以只考虑应付账款和预收账款两项。计算公式为：

应付账款 = 外购原材料、燃料动力及其他材料年费用/应付账款年周转次数 (2.4.3-15)

预收账款 = 预收的营业收入年金额/预收账款年周转次数 (2.4.3-16)

2. 流动资金估算应遵循下列原则：

（1）在确定最低周转天数时，应根据项目的特点、投入和产出性质、供应来源以及各分项的属性考虑确定，并适当留有余地。

（2）当投入物和产出物采用不含税价格时，估算中应注意将进项税额和销项税额分别包含在相应的年费用金额中。

（3）流动资金一般应在项目投产前筹措。为简化计算，项目评价中流动资金可在投产第一年开始安排，并随生产运营负荷的增长逐年变化。

（4）采用分项详细估算法时，需以经营成本及其中的某些科目为基数，因此其估算应在营业收入和经营成本估算之后进行。

2.4.4 建设期利息

估算建设期利息，需要在建设投资分年计划的基础上设定初步融资方案。对采用债务融资的项目应估算建设期利息。建设期利息包括银行借款和其他债务资金的利息，以及其他融资费用。估算建设期利息，应根据不同情况选择名义年利率或有效年利率。

1. 名义年利率和有效年利率的换算。当借贷资金不是按年结息，或付息资金来源不同时，应视情况选择名义年利率或有效年利率。将名义年利率换算为有效年利率的计算公式为：

$$\text{有效年利率} = \left(1 + \frac{r}{m}\right)^m - 1 \qquad (2.4.4-1)$$

式中 r——名义年利率；

m——每年计息次数。

当建设期用项目资本金或既有法人内部融资资金按期支付利息，当期还清，计息方式为单利时，可不必进行换算，直接采用名义年利率计算建设期利息。

2. 建设期利息计算方法。计算建设期利息时，为了简化计算，假定借款均在每年的年中支用，借款当年按半年计息，其余各年份按全年计息，计算公式如下：

（1）采用单利方式计息时：

各年应计利息 = （年初借款本金累计 + 本年借款额/2） × 名义年利率 (2.4.4-2)

（2）采用复利方式计息时：

$$各年应计利息 = （年初借款本息累计 + 本年借款额/2） \times 有效年利率 \quad (2.4.4-3)$$

对有多种借款资金来源，每笔借款的年利率各不相同的项目，既可分别计算每笔借款的利息，也可先计算出各笔借款加权平均的年利率，并以加权平均利率计算全部借款的利息。

3．其他融资费用估算。其他融资费用是指某些债务融资中发生的手续费、承诺费、管理费、信贷保险费等融资费用，一般情况下应将其单独计算并计入建设期利息；在项目前期研究的初期阶段，也可作粗略估算并计入建设投资；对于不涉及国外贷款的项目，在可行性研究阶段，也可作粗略估算并计入建设投资。

4．分期建成投产的项目，应按各期投产时间分别停止借款费用的资本化，此后发生的借款利息应计入总成本费用。

2.4.5　项目总投资

项目评价中的总投资包括建设投资、建设期利息和流动资金之和。

2.4.6　项目总投资形成的资产

项目评价中应按有关规定将建设投资中的各分项分别形成固定资产原值、无形资产原值和其他资产原值。

项目评价中总投资形成的资产可做如下划分：

1．形成固定资产。构成固定资产原值的费用包括：

（1）工程费用，即建筑工程费、安装工程费和设备购置费；

（2）工程建设其他费用中按规定形成固定资产的费用；

（3）预备费，包括基本预备费和涨价预备费；

（4）建设期利息。

工程建设其他费用中按规定形成固定资产的费用（固定资产其他费用）主要包括建设管理费、可行性研究费、研究实验费、勘察设计费、环境影响评价费、劳动安全卫生评价费、场地准备及临时设施费、引进技术和设备其他费、工程保险费、联合试运转费等。

2．形成无形资产。构成无形资产原值的费用主要包括专利及专有技术使用费（含专利权和非专利技术）、商标权使用费、土地使用权出让（转让）金、特许经营权费等。

按有关规定，企业取得的土地使用权通常应确认为无形资产。当企业自行开发建造厂房等建筑物，相关的土地使用权与建筑物应当分别进行处理。外购土地及建筑物支付的价款应当在建筑物与土地使用权之间进行分配；难以合理分配的，应当全部作为固定资产。

为与以后的折旧和摊销计算相协调，在建设投资估算表中可将土地使用权直接列入固定资产其他费用中。

3．形成其他资产。构成其他资产原值的费用主要包括生产准备费、开办费和样品样机购置费等。

4．项目总投资中的流动资金与流动负债共同构成流动资产。

形成的固定资产原值可用于计算折旧费，形成的无形资产和其他资产原值可用于计算摊销费。

2.4.7 总成本费用

总成本费用是指运营期内当期为生产产品或提供服务所发生的全部费用。总成本费用可以采用生产成本加期间费用估算法或生产要素法估算。

1. 生产成本加期间费用估算法：

$$总成本费用 = 生产成本 + 期间费用 \quad (2.4.7-1)$$

式中 生产成本 = 直接材料费 + 直接燃料和动力费 + 直接生产人员职工薪酬 + 其他直接支出 + 制造费用

期间费用 = 管理费用 + 财务费用 + 营业费用

其中：

（1）制造费用：是指企业为生产产品和提供服务而发生的各项间接费用，包括生产单位管理人员职工薪酬、折旧费、修理费、办公费、水电费、机物料消耗、劳动保护费、季节性和修理期间的停工损失等。制造费用应按企业成本核算办法的规定，分别计入有关成本的核算对象。

（2）管理费用：是指企业为组织和管理企业生产经营所发生的管理费用，包括公司经费（行政管理部门管理人员职工薪酬、修理费、物料消耗、低值易耗品摊销、办公费和差旅费等）、董事会费、聘请中介机构费、咨询费（含顾问费）、诉讼费、业务招待费、房产税、车船使用税、土地使用税、印花税、技术转让费、无形资产摊销、研究与开发费以及排污费等。

（3）财务费用：是指企业为筹集与占用生产经营所需资金等而发生的费用，包括应当作为期间费用的利息净支出、汇兑净损失以及相关的手续费等。

（4）营业费用：是指企业在销售产品或提供服务过程中发生的费用，包括应由企业负担的运输费、装卸费、包装费、保险费、展览费和广告费，以及为销售产品而专设的销售机构的销售人员职工薪酬、业务费等经营费用。为简化计算，项目评价中将营业费用归集为销售人员职工薪酬、折旧费、修理费和其他营业费用几部分。

采用生产成本加期间费用估算法时，经营成本与总成本费用的关系如下：

$$经营成本 = 总成本费用 - 折旧费 - 摊销费 - 财务费用 \quad (2.4.7-2)$$

2. 生产要素估算法：

$$\begin{aligned}总成本费用 &= 外购原材料、燃料及动力费 + 职工薪酬 + 折旧费 + 摊销费 \\ &\quad + 修理费 + 财务费用 + 其他费用 \\ &= 经营成本 + 折旧费 + 摊销费 + 财务费用 \quad (2.4.7-3)\end{aligned}$$

（1）外购原材料、燃料及动力费用。根据相关专业提出的外购原材料和燃料动力年耗用量，以及在选定价格体系下的预测价格进行估算。该价格应按入库价格计（即到厂价格），并考虑途库损耗。采用的价格时点和价格体系应与营业收入的选取一致。

（2）职工薪酬。财务分析中职工薪酬，是指企业为获得职工提供的服务而给予的各种形式的报酬。按照《企业会计准则》，职工薪酬包括：

1）职工工资、奖金、津贴和补贴；

2）职工福利费；

3）医疗保险费、养老保险费、失业保险费、工伤保险费和生育保险费等社会保险费；

4）住房公积金；

5）工会经费和职工教育经费；

6）非货币性福利；

7）因解除与职工的劳动关系给予的补偿；

8）其他与获得职工提供的服务相关的支出。

采用生产要素估算法时，所采用的职工人数为项目的全部定员。

确定职工薪酬时需考虑项目性质、项目地点、行业特点等因素。对于既有法人项目，还要考虑原企业职工薪酬水平。

根据不同项目的需要，财务分析中可视情况选择按项目全部人员年职工薪酬的平均数值计算或按照人员类型和层次分别设定不同档次的职工薪酬进行计算。

（3）固定资产原值及折旧费：

1）固定资产原值。固定资产原值是指项目投产时（达到预定可使用状态）按规定由投资形成固定资产的部分。

2）固定资产折旧。固定资产的折旧方法可在税法允许的范围内由企业自行确定，一般采用直线法，包括年限平均法和工作量法。我国税法也允许对某些行业、某些机器设备采用快速折旧法，即双倍余额递减法和年数总和法。

固定资产折旧年限、预计净残值率可在税法允许的范围内由企业自行确定，或按行业规定。项目评价中一般应按税法明确规定的分类折旧年限，也可按行业规定的综合折旧年限。

对于融资租赁的固定资产，如能合理确定租赁期届满时承租人会取得租赁资产所有权，即可认为承租人拥有该项资产的全部尚可使用年限，并以其作为折旧年限；否则，应以租赁期与租赁资产尚可使用年限两者中较短者作为折旧年限。

固定资产折旧可采用下列方法：

①年限平均法：

$$\text{年折旧率} = \frac{1 - \text{预计净残值率}}{\text{折旧年限}} \times 100\% \qquad (2.4.7-4)$$

$$\text{年折旧额} = \text{固定资产原值} \times \text{年折旧率} \qquad (2.4.7-5)$$

②双倍余额递减法：

$$\text{年折旧率} = \frac{2}{\text{折旧年限}} \times 100\% \qquad (2.4.7-6)$$

$$\text{年折旧额} = \text{固定资产净值} \times \text{年折旧率} \qquad (2.4.7-7)$$

实行双倍余额递减法的，应在折旧年限到期前两年内，将固定资产净值扣除净残值后的净额平均摊销。

③年数总和法：

$$\text{年折旧率} = \frac{\text{折旧年限} - \text{已使用年数}}{\text{折旧年限} \times (\text{折旧年限} + 1) \div 2} \times 100\% \qquad (2.4.7-8)$$

$$\text{年折旧额} = (\text{固定资产原值} - \text{预计净残值}) \times \text{年折旧率} \qquad (2.4.7-9)$$

（4）修理费。修理费按修理范围的大小和修理时间间隔的长短可以分为大修理和中小修理。

修理费允许直接在成本中列支，如果当期发生的修理费用数额较大，可以预提或摊销。

按生产要素法估算总成本费用时，修理费是指项目全部固定资产的修理费，可直接按固定资产原值（扣除所含的建设期利息）的一定百分数估算。百分数的选取应考虑行业和项目特点。在生产运营的各年中，修理费率的取值，一般可采用固定值，或根据项目特点采用间断性调整修理费率，开始取较低值，以后取较高值。

（5）无形资产和其他资产原值及摊销费。按照现行财会制度的规定，无形资产从开始使用之日起，在有效使用期限内平均摊入成本。法律和合同规定了法定有效期限或者受益年限的，摊销年限从其规定，否则摊销年限应注意符合税法的要求。无形资产的摊销一般采用平均年限法，不计残值。

其他资产的摊销可以采用平均年限法，不计残值，摊销年限应注意符合税法的要求。

（6）财务费用。在项目评价中，财务费用通常只考虑利息支出。利息支出包括长期借款利息、流动资金借款利息和短期借款利息支出三部分。

1）长期借款利息是指对建设期间借款余额（含未支付的建设期利息）应在生产期支付的利息，项目评价中可以选择等额还本付息或者等额还本利息照付等方法，有时也可采取其他方法来计算长期借款利息。

①等额还本付息法：

$$A = I_c \times \frac{i(1+i)^n}{(1+i)^n - 1} \qquad (2.4.7-10)$$

式中　A——每年还本付息额（等额年金）；

I_c——还款起始年年初的借款余额（含未支付的建设期利息）；

i——年利率；

n——预定的还款期；

$\frac{i(1+i)^n}{(1+i)^n-1}$——资金回收系数。

其中：

每年支付利息 = 年初借款余额 × 年利率

每年偿还本金 = A − 每年支付利息

年初借款余额 = I_c − 本年以前各年偿还的借款累计

②等额还本利息照付法：

设 A_t 为第 t 年的还本付息额，则有：

$$A_t = \frac{I_c}{n} + I_c \times \left(1 - \frac{t-1}{n}\right) \times i \qquad (2.4.7-11)$$

式中　每年支付利息 = 年初借款余额 × 年利率，即：

$$\text{第 } t \text{ 年支付的利息} = I_c \times \left(1 - \frac{t-1}{n}\right) \times i$$

$$每年偿还本金 = \frac{I_c}{n}$$

③其他还本付息方法：指由借贷双方商定的除上述两种方法以外的还本付息方法。

2）流动资金借款利息。项目评价中流动资金借款从本质上应归类为长期借款，但企业有可能与银行达成协议，按期末偿还、期初再借的方式处理，并按一年期利率计息。流动资金借款利息可按下式计算：

$$年流动资金借款利息 = 年初流动资金借款额 \times 流动资金借款年利率 \tag{2.4.7-12}$$

财务分析中流动资金的借款可以在计算期最后一年偿还，也可以在还完长期借款后安排偿还。

3）短期借款（临时借款）。项目评价中的短期借款是指运营期间由于资金的临时需要而发生的短期借款，短期借款的数额应在财务计划现金流量表中得到反映，其利息应计入总成本费用表的利息支出。短期借款利息的计算方法同流动资金借款利息的计算方法。短期借款的偿还按照随借随还的原则处理，即当年借款尽可能于下年偿还。

（7）其他费用。其他费用包括其他制造费用、其他管理费用和其他营业费用三项费用。其他制造费用是指由制造费用中扣除生产单位管理人员职工薪酬、折旧费、修理费以后的其余部分。项目评价中通常按固定资产原值（扣除所含的建设期利息）的百分数估算或按人员定额估算。

其他管理费用是指在管理费用中扣除行政管理部门管理人员职工薪酬、折旧费、摊销费、修理费以后的其余部分。项目评价中通常按人员定额或按职工薪酬总额的倍数估算。

其他营业费用是指在营业费用中扣除销售人员职工薪酬、折旧费、修理费以后的其余部分。项目评价中通常按营业收入的百分数估算。

3. 固定成本和可变成本。根据成本费用与产量的关系可以将总成本费用分为固定成本、可变成本和半固定或半可变成本。

固定成本是指不随产品产量变化的各项成本费用，一般包括职工薪酬（计件工资除外）、折旧费、摊销费、修理费和其他费用等。

可变成本是指随产量增减而成正比例变化的各项费用，主要包括外购原材料、燃料及动力费和计件工资等。

有些成本费用属于半固定或半可变成本，如工资、营业费用和流动资金利息等都可能既有可变因素也有固定因素。必要时可进一步分解为固定成本和可变成本。项目评价中一般可根据行业特点进行简化处理。

长期借款利息应视为固定成本，为简化计算，一般将流动资金借款利息和短期借款利息也作为固定成本。

成本费用估算两种方法可根据行业规定或结合项目特点选用。成本费用估算原则上应遵循国家现行《企业会计准则》和（或）《企业会计制度》规定的成本和费用核算方法，同时应遵循有关税法中准予在所得税前列支科目的规定。当两者有矛盾时，一般应按从税的原则处理。

2.4.8 税费

市政项目涉及的税费主要包括关税、增值税、营业税、所得税、城市维护建设税和教育费附加等。应根据相关税法和项目的具体情况选用适宜的税种和税率。如有减免税优惠，应说明依据及减免方式并按相关规定估算。

1. 关税。项目评价中涉及引进设备、技术和进口原材料时，需估算进口关税。应按有关税法和国家的税收优惠政策，正确估算进口关税。

2. 增值税。对适用增值税的项目，财务分析应按税法规定计算增值税。采用不含（增值）税价格计算时，利润和利润分配表以及现金流量表中不包括增值税科目；当采用含（增值）税价格计算营业收入和原材料、燃料及动力成本时，利润和利润分配表以及现金流量表中应单列增值税科目。项目评价中应明确说明采用何种计价方式。

3. 营业税。市政某些行业实行营业税，应按税法规定计算营业税。营业税属于价内税，包含在营业收入之内。

4. 营业税金及附加包括城市维护建设税和教育费附加，一些地区还包括防洪基金等附加税费。城市维护建设税是一种地方附加税，目前以流转税额（包括增值税、营业税和消费税）为计税依据。教育费附加是地方收取的专项费用，计税依据也是流转税，税率由地方确定，项目评价中应注意当地的规定。

项目评价中，可将营业税、城市维护建设税和教育费附加归集在营业税金及附加中。营业税金及附加列作利润与利润分配表中的一个科目。

5. 企业所得税。项目评价中应注意按有关税法对所得税前扣除项目的要求，正确计算应纳税所得额，并采用适宜的税率计算企业所得税，同时注意正确使用有关的所得税优惠政策，并加以说明。

税收估算时应注意，对于某一经营行为，一般不会同时发生增值税和营业税。具有不同业务收入时，应分别鉴别该业务性质的应纳税种类，并按照税法规定的“混合销售行为”或“兼营非应税劳务”等情况的规定处理。

2.4.9 维持运营投资

在运营期内设备、设施等需要更新的项目，应估算项目维持运营的投资费用，并在现金流量表中将其作为现金流出，参与内部收益率等指标的计算。同时，也应反映在财务计划现金流量表中，参与财务生存能力分析。

项目评价中，如果维持运营投资投入后延长了固定资产的使用寿命，或使产品质量实质性提高，或成本实质性降低等，使可能流入企业的经济利益增加，则该投资应予资本化，计入固定资产原值，并计提折旧。否则该投资只能费用化，不形成新的固定资产原值。

2.5 财务效益与费用估算表

进行财务效益与费用的估算，应编制下列财务分析辅助表（详见本篇附录）：

1. 建设投资估算表（表1）；
2. 建设期利息估算表（表2）；
3. 流动资金估算表（表3）；

4. 项目总投资使用计划与资金筹措表（表4）；

5. 营业收入、营业税金及附加和增值税估算表（表5）；

6. 总成本费用估算表（表6和表7）；

（1）采用生产要素法编制总成本费用估算表时，应编制下列基础表：

1）外购原材料费估算表（表$6_{基1}$）；

2）外购燃料及动力费估算表（表$6_{基2}$）；

3）固定资产折旧费估算表（表$6_{基3}$）；

4）无形资产和其他资产摊销估算表（表$6_{基4}$）；

5）职工薪酬估算表（表$6_{基5}$）。

（2）采用生产成本加期间费用估算法编制总成本费用估算表（表7）时，应根据国家现行会计制度的相应要求，另行编制配套的基础表。

财务效益与费用估算表应反映行业和项目特点，表中科目可适当调整。

以上报表按不含增值税价格设定，若采用含增值税价格，应调整相关科目。

3 资金来源与融资方案

3.1 融资分析与投资估算和财务分析的关系

融资分析是在确定建设方案并完成投资估算的基础上，分析建设投资和流动资金的来源渠道及筹措方式，并在明确项目融资主体的基础上，构造融资方案，进行资金结构、融资成本和融资风险分析，作为融资后财务分析的基础。

3.2 项目融资主体

设定融资方案，应先确定项目融资主体。确定项目融资主体应考虑项目的投资规模和行业特点，项目与既有法人资产、经营活动的联系，既有法人财务状况，项目自身的盈利能力等因素。

3.3 项目融资方式

按照融资主体的不同，融资方式分为既有法人融资和新设法人融资。

1. 既有法人融资方式，项目所需资金来源于既有法人内部融资、新增资本金和新增债务资金。

2. 新设法人融资方式，项目所需资金来源于项目公司股东投入的资本金和项目公司承担的债务资金。

3.3.1 项目资本金

1. 融资主体的确定。项目资本金（即项目权益资金，下同）的来源渠道和筹措方式，应根据项目融资主体的特点进行选择：

（1）既有法人融资项目的新增资本金可通过原有股东增资扩股、吸收新股东投资、发行股票、政府投资等渠道和方式筹措。

既有法人为本项目内部融资的资金可视为本项目的资本金，其渠道和方式有货币资金、资产变现、资产经营权变现、直接使用非现金资产。

（2）新设法人融资项目的资本金可通过政府投资、股东直接投资、发行股票等渠道和方式筹措。

2. 项目资本金来源渠道和筹措方式：

（1）政府投资。政府投资资金，包括财政预算投资资金（含国债资金）；利用国际金融组织和外国政府贷款的主权外债资金；纳入预算管理的专项建设资金；法律、法规规定的其他政府性资金。

政府投资方式包括直接投资、资本金注入、投资补助、转贷、贴息等。

项目评价中，对政府投资资金，应根据资金投入的不同情况区别处理：

1）全部使用政府投资（直接投资）的，不需进行融资方案分析。

2）政府用部分直接投资吸引社会资本，与社会资本各占一定投资比例，不取回报的，作为权益投资。

3）政府投资以资本金注入方式的，作为权益投资。

4）政府投资以投资补贴、贷款贴息等方式投入的，应根据实际情况，按照财政部或地方政府的有关规定执行。

5）以转贷方式投入的政府投资（统借国外贷款），在项目评价中视为债务资金。

（2）股东直接投资。股东直接投资包括政府授权投资机构入股资金、国内外企业入股资金、社会团体和个人入股的资金以及基金投资公司入股的资金，分别构成国家资本金、法人资本金、个人资本金和外商资本金。

既有法人融资项目，股东直接投资表现为扩充既有企业的权益资金，包括原有股东增资扩股和吸收新股东投资。

新设法人融资项目，股东直接投资表现为投资者为项目提供资本金。合资经营公司的资本金由企业的股东按股权比例认缴，合作经营公司的资本金由合作投资方按预先约定的金额投入。

采用吸收股本资金的方式筹集资金，财务风险较小，但资金成本相对较高。

（3）股票融资。无论是既有法人融资项目还是新设法人融资项目，凡符合有关规定条件的，均可以通过发行股票在资本市场募集股本资金。

根据国务院《关于固定资产投资项目试行资本金制度的通知》（国发〔1996〕35号）的规定，作为计算项目资本金基数的总投资，是指投资项目的固定资产投资（建设投资和建设期利息之和）与铺底流动资金之和。在向有关部门申报项目时，可按要求另行估算。

3.3.2 债务资金

1. 债务资金特点。债务资金是项目投资中除权益资金外，以负债方式从金融机构、证券市场等资本市场取得的资金。债务资金具有以下特点：

（1）资金在使用上具有时间性限制，到期必须偿还。

（2）无论项目的融资主体今后经营效果好坏，均需按期还本付息，从而形成企业的财务负担。

（3）资金成本一般比权益资金低（指股本资金），且不会分散投资者对企业的控制权。

2. 项目债务资金来源渠道和筹措方式。债务资金是项目资金来源的重要组成部分。项目债务资金可通过政策性银行贷款、商业银行贷款、外国政府贷款、国际金融组织贷款、银团贷款、企业债券、国际债券、融资租赁等渠道和方式筹措。

3.4 资金来源可靠性分析

资金来源可靠性分析应对各类资金在币种、数量和时间要求上是否能满足项目需要进行分析。

3.4.1 既有法人内部融资的可靠性分析

1. 通过调查了解既有企业资产负债结构、现金流量状况和盈利能力，分析企业的财务状况、可能筹集到并用于拟建项目的现金数额及其可靠性。

2. 通过调查了解既有企业资产结构现状及其与拟建项目的关联性，分析企业可能用于拟建项目的非现金资产数额及其可靠性。

3.4.2 项目资本金的可靠性分析

1. 采用既有法人融资方式的项目，应分析原有股东增资扩股和吸收新股东投资的数额及其可靠性。

2. 采用新设法人融资方式的项目，应分析各投资者认缴的股本金数额及其可靠性。

3. 采用上述两种融资方式，如通过发行股票筹集资本金，应分析其获得批准的可能性。

3.4.3 项目债务资金的可靠性分析

1. 采用债券融资的项目，应分析其能否获得国家有关主管部门的批准。

2. 采用银行贷款的项目，应分析其能否取得银行的贷款承诺。

3. 采用外国政府贷款或国际金融组织贷款的项目，应核实项目是否列入利用外资备选项目。

3.5 资金结构合理性分析

资金结构合理性分析应分析项目资本金与债务资金的比例、项目资本金内部结构以及债务资金结构比例是否合理，并分析其实现条件。

3.5.1 项目资本金与项目债务资金的比例

项目资本金与项目债务资金的比例是项目资金结构中最重要的比例关系，需要由各个参与方的利益平衡来决定，同时还取决于行业风险和项目的具体风险程度。项目资本金与项目债务资金的比例应符合下列要求：

1. 符合国家法律和行政法规规定。

2. 符合金融机构信贷规定及债权人有关资产负债比例的要求。

3. 满足权益投资者获得期望投资回报的要求。

4. 满足防范财务风险的要求。

在符合国家有关注册资本（资本金）比例规定、符合金融机构信贷规定及债权人有关资产负债比例要求的前提下，既能使项目资本金获得较高的收益率，又能较好地防范财务风险的比例是较理想的项目资本金与项目债务资金的比例。

3.5.2 项目资本金结构

项目资本金内部结构比例是指投资各方的出资比例。不同出资比例决定各投资方对项目建设和经营的决策权和承担的责任，以及项目收益的分配。确定项目资本金结构应符合下列要求：

1. 采用既有法人融资方式的项目，要考虑既有法人的财务状况和筹资能力，合理确定既有法人内部融资与新增资本金在项目融资总额中所占的比例，分析既有法人内部融资与新增资本金的可能性与合理性。

2. 采用新设法人融资方式的项目，应根据投资各方在资金、技术和市场开发方面的优势，通过协商确定各方的出资比例、出资形式和出资时间。

3. 国内投资项目，应分析控股股东的合法性和合理性；外商投资项目，应分析外方出资比例的合法性和合理性。

3.5.3 项目债务资金结构

项目债务资金结构比例反映债权各方为项目提供债务资金的数额比例、债务期限比例、内债和外债比例，以及外债中各币种债务的比例等。确定项目债务资金结构比例应符合下列要求：

1. 根据债权人提供债务资金的条件（包括利率、宽限期、偿还期及担保方式等）合理确定各类借款和债券的比例；
2. 合理搭配短期、中长期债务比例；
3. 合理安排债务资金的偿还顺序；
4. 合理确定内债和外债的比例；
5. 合理选择外汇币种；
6. 合理确定利率结构。

3.6 资金成本分析

资金成本是指项目为筹集和使用资金而支付的费用，包括资金筹集费和资金占用费。资金成本是选择资金来源、拟定融资方案的依据，也是企业在进行任何同现有资产风险相同投资时要求的“最低收益率”。

资金成本通常用资金成本率表示。资金成本率是指使用资金所负担的费用与筹集资金净额之比，其公式为：

$$资金成本率 = \frac{资金占用费}{筹集资金总额 - 资金筹集费} \times 100\% \qquad (3.6-1)$$

由于资金筹集费一般与筹集资金总额成正比，所以一般用筹集费用率表示资金筹集费，因此资金成本率公式亦可表示为：

$$资金成本率 = \frac{资金占用费}{筹集资金总额 \times (1 - 筹集费用率)} \times 100\% \qquad (3.6-2)$$

资金成本分析应通过计算权益资金成本、债务资金成本以及加权平均资金成本（*WACC*），分析项目使用各种资金所实际付出的代价及其合理性，为优化融资方案提供依据。

1. 权益资金成本可采用资本资产定价模型、税前债务成本加风险溢价法和股利增长模型等方法进行计算，也可直接采用投资方的预期收益率或既有企业的净资产收益率。

（1）采用资本资产定价模型法，权益资金成本的计算公式为：

$$K_s = R_f + \beta(R_m - R_f) \tag{3.6-3}$$

式中 K_s——权益资金成本；

R_f——社会无风险投资收益率；

β——项目的投资风险系数；

R_m——市场投资组合预期收益率。

（2）采用税前债务成本加风险溢价法，权益资金成本的计算公式为：

$$K_s = K_b + RP_c \tag{3.6-4}$$

式中 K_s——权益资金成本；

K_b——所得税前债务资金成本；

RP_c——投资者比债权人承担更大风险所要求的风险溢价。

（3）采用股利增长模型法，权益资金成本的计算公式为：

$$K_s = \frac{D_1}{P_0} + G \tag{3.6-5}$$

式中 K_s——权益资金成本；

D_1——预期年股利额；

P_0——普通股市价；

G——普通股利年增长率。

2. 债务资金成本由债务资金筹集费和债务资金占用费组成。债务资金筹集费是指债务资金筹集过程中支付的费用，如承诺费、发行手续费、担保费、代理费以及债券兑付手续费等；债务资金占用费是指使用债务资金过程中发生的经常性费用，如贷款利息和债券利息。

含筹资费用的税后债务资金成本可按下式计算：

$$P_0(1-F) = \sum_{t=1}^{n} \frac{P_t + I_t(1-T)}{(1+K_d)^t} \tag{3.6-6}$$

式中 K_d——所得税后债务资金成本；

P_0——债券发行额或长期借款金额，即债务的现值；

F——债务资金筹资费用率；

P_t——约定的第 t 期末偿还的债务本金；

I_t——约定的第 t 期末支付的债务利息；

T——所得税率；

n——债务期限，通常以年表示。

上式中，等号左边为债务人的实际现金流入；等号右边为债务引起的未来现金流出的现值总额。本公式中未计入债券兑付手续费（可忽略不计）。

使用该公式时应根据项目具体情况确定债务期限内各年的利息是否应乘以（$1-T$），即在项目的建设期内不应乘以（$1-T$），在项目运营期内的所得税免征年份也不应乘以（$1-T$）。

根据前期工作深度，在相关条件不具备的情况下，可简化处理：采用等额还本付息方式和银行中长期贷款利率计算。

3. 为了比较不同融资方案的资金成本，需要计算加权平均资金成本。加权平均资金成本一般是以各种资金占全部资金的比重为权数，对个别资金成本进行加权平均确定的，其计算公式为：

$$K_w = \sum_{j=1}^{n} K_j W_j \tag{3.6-7}$$

式中 K_w——加权平均资金成本；

K_j——第 j 种个别资金成本；

W_j——第 j 种个别资金成本占全部资金的比重（权数）。

4. 政府投资的资金成本。市政项目评价中政府投资的资金成本应视政府投资类型而定：直接投资的项目，由财政拨款，不计算投资回报，资金成本为零；资本金注入的项目，资金成本的下限为长期国债利率；国外贷款转贷项目，资金成本为国外贷款利率加其他融资费用率；投资补助的项目，资金成本为零。

3.7 融资风险分析

融资风险是指融资活动存在的各种风险。在融资方案分析中，应对各种融资方案的融资风险进行识别、比较，并对最终推荐的融资方案提出防范风险的对策。融资风险分析中应重点考虑下列风险因素：

1. 资金供应风险。资金供应风险是指在项目实施过程中由于资金不落实，导致建设工期延长，工程造价上升，使原定投资效益目标难以实现的可能性。主要包括：

（1）已承诺出资的股本投资者由于出资能力有限（或者由于拟建项目的投资效益缺乏足够的吸引力），而不能（或不再）兑现承诺。

（2）原定发行股票、债券计划不能实现。

（3）既有企业法人由于经营状况恶化，无力按原定计划出资。

为防范资金供应风险，必须认真做好资金来源可靠性分析。在选择股本投资者时，应当选择资金实力强、既往信用好、风险承受能力强的投资者。

2. 利率风险。利率风险是指由于利率变动导致资金成本上升，给项目造成损失的可能性。无论是采用浮动利率还是采用固定利率都存在利率风险。为了防范利率风险，应对未来利率的走势进行分析，以确定采用何种利率。

3. 汇率风险。汇率风险是指由于汇率变动给项目造成损失的可能性。为了防范汇率风险，使用外汇数额较大的项目应对人民币的汇率走势、所借外汇币种的汇率走势进行分析，以确定借用何种外汇币种以及采用何种外汇币种结算。

3.8 融资方案的优选

融资方案应在初步明确项目的融资主体和资金来源的基础上，对融资方案资金来源的可靠性、资金结构的合理性、融资成本的高低和融资风险的大小进行综合分析，结合融资后财务分析比选确定。

4 财务分析

4.1 财务分析的作用

财务分析应在财务效益与费用估算的基础上进行，通过编制财务报表，计算财务分析指标，考察和分析项目的盈利能力、偿债能力和财务生存能力，判断项目财务可接受性，明确项目对财务主体的价值以及对投资者的贡献，为项目决策提供依据。

4.2 融资前分析与融资后分析

财务分析可分为融资前分析和融资后分析。一般宜先进行融资前分析，在融资前分析结论满足要求的情况下，初步设定融资方案，再进行融资后分析。

在项目的初期研究阶段，可只进行融资前分析。

4.2.1 融资前分析

融资前分析是指在不考虑债务融资条件下进行的财务分析。融资前分析只进行盈利能力分析，并以项目投资折现现金流量分析为主，计算项目投资财务内部收益率和净现值指标，也可计算投资回收期指标。

4.2.2 融资后分析

融资后分析应以融资前分析和初步融资方案为基础，考察项目在拟定的融资条件下的盈利能力、偿债能力和财务生存能力，判断项目方案在融资条件下的可行性。

融资后分析主要进行项目资本金折现现金流量分析和投资各方折现现金流量分析，计算项目资本金财务内部收益率、投资各方收益率财务内部率指标，以及项目资本金净利润率、总投资收益率等非折现指标。

融资后分析是比选融资方案，进行融资决策和投资者最终决定出资的依据。

4.3 财务分析内容

4.3.1 盈利能力分析

1. 分析方式。

（1）折现方式：

1）项目投资现金流量分析，是从项目投资总获利能力角度，考察项目方案设计的合理性。应考察整个计算期内项目现金流入和现金流出，编制项目投资现金流量表，计算项目投资内部收益率和净现值等指标。根据需要，可从所得税前和（或）所得税后两个角度进行考察，选择计算所得税前和（或）所得税后财务分析指标。

2）项目资本金现金流量分析，是在拟定的融资方案基础上进行的息税后分析，应从项目资本金出资人整体的角度，确定其现金流入和现金流出，编制项目资本金现金流量表，计算项目资本金财务内部收益率指标，考察项目资本金可获得的收益水平。

3）投资各方现金流量分析，是从投资各方实际收入和支出的角度，确定其现金流入和现金流出，分别编制投资各方财务现金流量表，计算投资各方内部收益率指标，考察投资各方可能获得的收益水平。当投资各方不按股本比例进行分配或有其他不对等的收益时，可选择投资各方财务现金流量分析。

（2）非折现方式：非折现方式是指不采取折现处理数据，主要依据利润与利润分配表，并借助现金流量表计算相关盈利能力指标，包括项目资本金净利润率（*ROE*）、总投资收益率（*ROI*）和投资回收期等。

2. 分析指标。

财务盈利能力分析的主要指标包括项目投资财务内部收益率和净现值、项目资本金财务内部收益率、投资回收期、总投资收益率、项目资本金净利润率等，可根据项目的特点及财务分析的目的、要求等选用。

（1）财务内部收益率（*FIRR*）是指能使项目计算期内净现金流量现值累计等于零时的折现率，即 *FIRR* 作为折现率使下式成立：

$$\sum_{t=1}^{n}(CI-CO)_t(1+FIRR)^{-t}=0 \qquad (4.3.1-1)$$

式中 CI——现金流入量；

CO——现金流出量；

$(CI-CO)_t$——第 t 期的净现金流量；

n——项目计算期。

项目投资财务内部收益率、项目资本金财务内部收益率和投资各方财务内部收益率都依据上式计算，但所用的现金流入和现金流出不同。三者可以有不同的判别基准。

（2）财务净现值（*FNPV*）是指按设定的折现率（一般采用基准收益率 i_c）计算的项目计算期内净现金流量的现值之和，可按下式计算：

$$FNPV=\sum_{t=1}^{n}(CI-CO)_t(1+i_c)^{-t} \qquad (4.3.1-2)$$

式中 i_c——设定的折现率（同基准收益率）。

一般情况下，财务盈利能力分析只计算项目投资财务净现值，可根据需要选择计算所得税前净现值或所得税后净现值。

在设定的折现率下计算的财务净现值大于等于零，项目方案在财务上可考虑接受。

（3）项目投资回收期（P_t）是指以项目的净收益回收项目投资所需要的时间，一般以年为单位。项目投资回收期宜从项目建设开始年算起，若从项目投产开始年计算，应予以特别注明。项目投资回收期可采用下式表达：

$$\sum_{t=1}^{P_t}(CI-CO)_t=0 \qquad (4.3.1-3)$$

项目投资回收期可借助项目投资现金流量表计算。项目投资现金流量表中累计净现金流量由负值变为零的时点，即为项目的投资回收期，其计算公式为：

$$P_t=T-1+\frac{\left|\sum_{i=1}^{T-1}(CI-CO)_i\right|}{(CI-CO)_T} \qquad (4.3.1-4)$$

式中 T——各年累计净现金流量首次为正值或零的年数。

投资回收期短，表明项目投资回收快，抗风险能力强。

由于累计净现金流量分税前和税后，该指标亦有税前和税后之分。

（4）总投资收益率（ROI）表示总投资的盈利水平，是指项目达到设计能力后正常年份的年息税前利润或运营期内年平均息税前利润（$EBIT$）与项目总投资（TI）的比率，其计算公式为：

$$ROI = \frac{EBIT}{TI} \times 100\% \qquad (4.3.1-5)$$

式中 $EBIT$——项目正常年份的年息税前利润或运营期内年平均息税前利润；

TI——项目总投资。

总投资收益率高于同行业的收益率参考值，表明用总投资收益率表示的盈利能力满足要求。

（5）项目资本金净利润率（ROE）表示资本金的盈利水平，是指项目达到设计能力后正常年份的年净利润或运营期内年平均净利润（NP）与项目资本金（EC）的比率，其计算公式为：

$$ROE = \frac{NP}{EC} \times 100\% \qquad (4.3.1-6)$$

式中 NP——项目正常年份的年净利润或运营期内年平均净利润；

EC——项目资本金。

项目资本金净利润率高于同行业的净利润率参考值，表明用项目资本金净利润率表示的盈利能力满足要求。

3. 判别条件：

（1）基准收益率在市政项目财务分析中的作用：

在一般经营性项目财务分析中，行业基准收益率是判别项目在财务上可否接受的依据。由于市政项目的非营利性、属地差别以及价格（收费标准）确定机制的特殊性，行业基准收益率只具有参考性质，不作为判别项目在财务上可否接受的唯一依据，通常可作为测算项目预期财务价格，反映价格（收费标准）水平的基本参数。对于不同的现金流以及盈利性指标，应使用不同的基准收益率。

基准收益率在计算净现金流量时仍然起折现率的作用。在基准收益率确定以后，根据财务计划现金流量表中不长期出现短期借款，即可判断项目在财务上是可以接受的。

（2）折现指标对应的基准收益率：

1）对应融资前税前的基准收益率，选取的顺序为：首先应为资金机会成本；其次可参考本行业内条件类似并风险水平相当的项目的财务内部收益率或投资者期望收益率确定；再次是参考行业基准收益率。

行业基准收益率应从本行业内选取规模与风险都具有代表性的项目，通过计算这些项目财务内部收益率的加权平均值确定。采用行业基准收益率时，应考虑项目类型、风险水平、属地条件等相关因素，经过适当调整后，作为项目的融资前税前基准收益率。

2）对应融资前税后的基准收益率，是可能的投资资金来源的所得税后加权平均资金成本。

3）对应融资后基准收益率，项目资本金财务内部收益率的基准收益率应为权益投资者最低可接受收益率；投资各方财务内部收益率的基准收益率应为投资各方最低可接受收益率。

4）一般以融资前税前或融资前税后基准收益率为主测算项目的产出价格。此基准收益率作为测算政府投资项目产出价格的上限。有要求时，也可根据项目的具体情况与投资方的要求，选用其他基准收益率测算产出价格。

（3）其他应注意的问题：

1）在设定基准收益率时是否考虑价格总水平变动因素，应与指标计算时对价格总水平变动因素的处理相一致。在项目投资现金流量表的编制中，运营期一般不考虑价格总水平变动因素，在基准收益率的设定中通常要剔除价格总水平变动因素的影响。

2）财务分析中，一般将内部收益率的判别基准（i_c）和计算净现值的折现率采用同一数值，可使 $FIRR \geqslant i_c$ 对项目效益的判断和采用 i_c 计算的 $FNPV \geqslant 0$ 对项目效益的判断结果一致。

3）项目的投资目标、投资者的偏好（期望收益）、项目隶属行业的投资风险对确定基准收益率或折现率有重要影响。折现率的取值应谨慎，依据不充分或可变因素较多时，可取几个不同的折现率，计算多个净现值，给决策者提供全面的信息参考。

（4）非折现指标的判别：

非折现指标应分别设定对应的基准值（可采用企业或行业的对比值），当非折现指标满足其对应的判别基准时，可认为从该指标看项目的盈利能力能够满足要求。若得出的判断结论相反，则应通过分析找出原因，得出合理结论。

4.3.2 偿债能力分析

偿债能力分析应通过计算利息备付率（*ICR*）、偿债备付率（*DSCR*）和资产负债率（*LOAR*）等指标，分析判断财务主体的偿债能力。

1. 利息备付率（*ICR*）。是指在借款偿还期内的息税前利润（*EBIT*）与应付利息（*PI*）的比值，它从付息资金来源的充裕性角度反映项目偿付债务利息的保障程度。其计算公式为：

$$ICR = \frac{EBIT}{PI} \tag{4.3.2-1}$$

式中 *EBIT*——息税前利润；

PI——计入总成本费用的全部利息。

其中，息税前利润 = 利润总额 + 计入总成本费用的全部利息

利息备付率应分年计算。利息备付率高，表明利息偿付能力强，风险小。

利息备付率至少应大于 1，并根据以往经验结合行业特点来判断，或是根据债权人的要求确定。

2. 偿债备付率（*DSCR*）。是指在借款偿还期内，用于计算还本付息的资金（$EBITDA - T_{AX}$）与应还本付息金额（*PD*）的比值，它表示可用于计算还本付息的资金偿还借款本息的保障程度。其计算公式为：

$$DSCR = \frac{EBITDA - T_{AX}}{PD} \tag{4.3.2-2}$$

式中 *EBITDA*——息税前利润加折旧和摊销；

T_{AX}——企业所得税；

PD——应还本付息金额，包括还本金额和计入总成本费用的全部利息。融资租赁费用可视同借款本金偿还。运营期内的短期借款本息也应纳入计算。

如果项目在运营期内有维持运营的投资，可用于还本付息的资金应扣除维持运营的

投资。

偿债备付率应分年计算。偿债备付率高，表明可用于还本付息的资金保障程度高。

偿债备付率应大于1，并结合债权人的要求确定。

3. 资产负债率（*LOAR*）。是指各期末负债总额（*TL*）同资产总额（*TA*）的比率。其计算公式为：

$$LOAR = \frac{TL}{TA} \times 100\% \qquad (4.3.2-3)$$

式中 *TL*——期末负债总额；

TA——期末资产总额。

适度的资产负债率，表明企业经营安全、稳健，具有较强的筹资能力，也表明企业和债权人的风险较小。对该指标的分析，应结合国家宏观经济状况、行业发展趋势、企业所处竞争环境等具体条件判定。项目经济评价中，在长期债务还清后，可不再计算资产负债率。

4.3.3 财务生存能力分析

财务生存能力分析，应在财务分析辅助表和利润与利润分配表的基础上编制财务计划现金流量表，通过考察项目计算期内的投资、融资和经营活动所产生的各项现金流入和现金流出，计算净现金流量和累计盈余资金，分析项目是否有足够的净现金流量维持正常运营，以实现财务可持续性。

1. 财务可持续性应首先体现在有足够大的经营活动净现金流量，其次各年累计盈余资金不应出现负值。若出现负值，应进行短期（临时）借款，同时分析该短期借款的年份长短和数额大小，进一步判断项目的财务生存能力。短期借款应体现在财务计划现金流量表中，其利息应计入财务费用。为维持项目正常运营，还应分析短期借款的可靠性。通常项目运营期初的还本付息负担较重，应特别注重运营期前期的财务生存能力分析。

2. 财务生存能力分析亦应结合偿债能力分析进行，如果拟安排的还款期过短，致使还本付息负担过重，导致为维持资金平衡必须筹借的短期借款过多，可以调整还款期，以减轻各年还款负担。

3. 财务生存能力分析亦可用于资金结构分析，通过调整项目资本金与债务资金结构或资本金内部结构等，使得财务计划现金流量表中不出现或少出现短期借款。

4. 财务生存能力分析可用于项目补贴收入的测算：

1）如项目产出直接使用现行价格，当运营期长年发生短期借款，表明现行价格无法满足项目生存，项目本身无能力实现自身的资金平衡，则需要测算项目预期财务价格，两种价格之差即为需要政府提供给项目的补贴或需企业集团内部调剂的资金；如项目产出使用现行价格时仅在运营期初出现短期借款，则表明使用现行价格项目可以具备持续发展的能力。

2）如产出使用项目预期财务价格，因该价格按照保本微利的原则确定，则运营期通常不应出现短期借款，项目也不需要政府补贴。

4.4 市政三类项目财务分析的重点

市政项目财务分析的重点应根据项目类型确定：

1. 对于第一类项目，财务分析方法与一般项目基本相同，但盈利能力分析应在政府的价格政策导向和合理利润的前提下进行。

特许经营项目的财务分析要受特许权协议内容的制约，其分析应从政府和投资方不同角度进行，分析重点详见本篇4.5。

2. 对于第二类项目，财务分析重点是生存能力分析和偿债能力分析。应根据项目收入抵补支出的程度，区别对待。收入补偿费用的顺序应为：补偿生产经营耗费、缴纳流转税、偿还借款利息、计提折旧和偿还借款本金。

（1）营业收入在补偿生产经营耗费、缴纳流转税、偿还借款利息、计提折旧和偿还借款本金后尚有盈余，表明项目财务有生存能力和一定的盈利能力，其财务分析方法与一般项目基本相同。

（2）对一定时期内收入不足以补偿全部成本费用，但通过在运营期内价格（收费标准）逐步到位，可实现其设定的补偿生产经营耗费、缴纳流转税、偿还借款利息、计提折旧、偿还借款本金的目标，并预期在中、长期能产生盈余的项目，可只进行财务生存能力分析和偿债能力分析。由于项目运营期内需要政府在一定时期给予补贴或优惠政策扶持，应估算项目各年所需的政府补贴数额，并进行政府提供补贴的可靠性分析。

（3）对于某些大型企业集团实行内部调剂资金的项目，应对项目间交叉补贴的可行性进行分析和评价，以确保项目有可持续的经费来源。

3. 对于第三类项目，因没有营业收入，主要进行财务生存能力分析，不进行盈利能力分析。应合理构造财务方案，估算项目运营期各年所需政府补贴数额，进行资金预算平衡分析，并进行政府补贴能力的可靠性分析。对使用债务资金的项目，还应结合借款偿还要求进行分析。

4.5 从政府角度与从社会投资者角度分析的重点

1. 从政府的角度分析：

（1）确定政府是否应为项目出资，如果需要政府出资，应合理确定政府为项目出资的比例及出资额度。

（2）对环境保护类项目（污水处理和垃圾处理），在资金、建设用地、税收等方面给予必要的扶持和优惠政策。如果项目需要政府长期补贴才能维持运营，应测算各年度政府补贴额，并分析政府补贴的支付能力。

（3）对于吸引社会资金投入的项目，要从维护公共利益角度出发，合理确定项目融资前财务内部收益率，使其一般不超过基准收益率水平，以吸引长期战略投资，防止投资中的短期行为对资源造成破坏性开发，促进节约资源与能源、保护环境、安全生产的资金优先进入市政项目。

（4）为吸引社会资金投入，政府可在投资方式（直接投资、资本金注入、投资补助）、出资比例、优惠政策等方面选择向社会投资者“直接让利”、其他方式的“间接让利”或项目范围外补偿的方式“让利”。

（5）采用特许经营模式的项目，以政府收（指政府或代理机构从用户收缴的费用）支（指政府或代理机构向特许经营商支付的费用）平衡为原则，合理确定付费量及付费价格，防止居民与财政长期负担过重，影响当地社会经济发展。有条件时，可以从政府为项目的支出和从项目得到的财务收益角度，进行政府财务现金流分析。

2．从社会投资者的角度分析：

（1）合理确定社会投资者的投资收益率。市政项目现金流长期稳定，投资风险相对较低，项目总体收益水平也相对较低，社会投资者宜将其投资作为一种长期战略投资，而不宜按其他领域的投资收益率水平来确定其在市政项目的投资收益率。

（2）在政府确定的价格框架内，合理估算项目的收益缺口，提出对项目的补贴要求和具体的政策建议。

（3）优化融资方案，降低资金成本，改善项目的财务生存能力及偿债能力，提高社会投资的盈利能力。

（4）合理安排还贷计划与利润分配方式（如还贷期间可不分红等），以保障项目的财务生存能力。

4.6 其他应注意的问题

1．分期建设项目。市政项目沉淀性资产比重较大，先期投入的预留性设施如果都放在第一期评价，会压低第一期效益，对第一期评价结果产生较大影响。如后期资料能够支持，宜对分期建设项目进行总体评价，并分析比较总体评价与第一期评价的差异。

2．网络型项目。涉及管网的市政项目，管网的配套建设是项目（单元）能够达到设计负荷和期望效益的前提条件。无论项目范围是否包含配套管网和设施，财务分析都应特别注意厂与网的配套和设施能力的协调增长问题。

若项目本身既包含处理厂又包含部分配套管网，考虑到项目建设投资和还贷的统一性，宜先进行总体评价，再单独对处理厂进行评价；也可简化处理，只做一套合并报表，在成本费用和技术经济指标等方面再对处理厂作单独反映。

3．打捆项目。打捆项目是指两个以上不同专业项目在同一地域同时开展，并联合产生经济效益的项目。通常分为两种情况：一是以道路开发为主带动地下管线（或管廊）、地上或地下商业设施建设等城市道路打捆项目；二是在新建经济技术开发区以若干市政工程打捆建设的项目。

对前一种情况，必要时，还应对道路本身及其附带内容的费用、效益进行合理界定和分摊，在此基础上对属于市政道路的部分单独进行经济评价，以反映市政道路建设投资的效益。

对第二种情况，视不同条件采用不同的处理方式：

（1）如果“打捆”只限于资金的统借统还，各专业子项实则独立运营，其投资和运营主体、费用和效益等都能够分开时，一般应分别进行独立的财务分析，再汇总进行总的财务分析。

（2）如果各专业子项目的投资和运营主体为一家企业，费用和效益都捆在一起核算，以经营性功能专业的效益承担非经营性功能专业的年运行费用时，宜从企业整体角度出发，将“打捆”视为一个项目有多种产出，采用合并报表，进行总的财务分析和经济费用效益分析。有要求时，可辅以各专业子项的成本和专业技术经济指标作为补充。在进行分专业子项目分析时，要正确识别和界定子项目范围内、范围外的各项效益和费用，并合理分摊。

4.7 财务分析报表（详见本篇附录）

1. 项目投资现金流量表（表8），用于计算项目投资财务内部收益率、净现值和投资回收期等财务分析指标。

2. 项目资本金现金流量表（表9），用于计算项目资本金财务内部收益率。

3. 投资各方现金流量表（表10），用于计算投资各方财务内部收益率。

4. 利润与利润分配表（表11），反映项目计算期内各年营业收入、总成本费用、利润总额，以及所得税后利润的分配等情况，用于计算总投资收益率、项目资本金净利润率等指标。

5. 财务计划现金流量表（表12），反映项目计算期各年的投资、融资及经营活动的现金流入和流出，用于计算累计盈余资金，分析项目的财务生存能力。

6. 资产负债表（表13），用于综合反映项目计算期内各年年末资产、负债和所有者权益的增减变化及对应关系，计算资产负债率。

7. 借款还本付息计划表（表14），反映项目计算期内各年借款本金偿还和利息支付情况，用于计算偿债备付率和利息备付率指标。

4.8 财务分析结论

按以上内容完成财务分析后，还应对各项财务指标进行汇总，结合不确定性分析的结果，做出对项目财务分析的结论。

5 经济费用效益分析

5.1 经济费用效益分析的作用和目的

经济费用效益分析应从资源合理配置的角度，分析项目投资的经济效率和对社会福利所做出的贡献，评价项目的经济合理性。对于财务现金流量不能全面、真实地反映其经济价值，需要进行经济费用效益分析的项目，应将经济费用效益分析的结论作为项目决策的主要依据之一。

经济费用效益分析的主要目的包括：

1. 全面识别整个社会为项目付出的代价，以及项目为提高社会福利所做出的贡献，评价项目投资的经济合理性。

2. 分析项目的经济费用效益流量与财务现金流量存在的差别，以及造成这些差别的原因，提出相关的政策调整建议。

3. 对于市场化运作的基础设施等项目，通过经济费用效益分析来论证项目的经济价值，为制定财务方案提供依据。

4. 分析各利益相关者为项目付出的代价及获得的收益，通过对受损者及受益者的经济分析，为社会评价提供依据。

5.2 经济费用效益分析方法

经济费用效益分析应通过识别经济效益与经济费用，编制经济费用效益流量表，计算经济内部收益率和经济净现值指标，分析项目的经济合理性。经济效益和经济费用可以直接识别，也可以通过调整财务效益和费用得到。

5.2.1 直接识别和计算经济费用效益

1. 应对项目涉及的所有社会成员的有关费用和效益进行识别和计算，全面分析项目投资及运营活动耗用资源的经济价值（费用），以及项目为社会成员福利增加所做出的贡献（效益）。在识别和计算过程中应注意以下几点：

（1）分析体现在项目实体本身的直接费用和效益，以及项目引起的其他组织、机构或个人发生的各种外部费用和效益；

（2）分析项目的近期影响，以及项目可能带来的中期、远期影响；

（3）分析与项目主要目标直接联系的直接费用和效益，以及各种间接费用和效益；

（4）分析具有物质载体的有形费用和效益，以及各种无形费用和效益。

2. 效益和费用的识别遵循以下原则：

（1）增量分析的原则。项目经济费用效益分析应建立在增量效益和增量费用识别和计算的基础之上，不应考虑沉没成本和已实现的效益。应按照“有无对比”增量分析的原则，通过项目的实施效果与无项目情况下可能发生的情况进行对比分析，作为计算机会成本或增量效益的依据。

（2）考虑关联效果原则。应考虑项目投资可能产生的其他关联效果。

（3）剔除转移支付的原则。转移支付代表购买力的转移行为，接受转移支付的一方所获得的效益与付出方所产生的费用相等，转移支付行为本身没有导致新增资源的发生。在经济费用效益分析中，税赋和补贴属于转移支付。转移支付应当从经济费用效益流量中剔除。

3. 经济效益的计算应遵循支付意愿（*WTP*）和（或）接受补偿意愿（*WTA*）的原则；经济费用的计算应遵循机会成本的原则。

（1）项目产出的正面效果按支付意愿（*WTP*）的原则计算，用于分析社会成员为项目产出的效益愿意支付的价值。

（2）项目产出的负面效果按接受补偿意愿（*WTA*）的原则计算，用于分析社会成员为接受这种不利影响所得到补偿的价值。

（3）项目投入的经济费用应按机会成本的原则计算，用于分析项目所占用的所有资源的机会成本。机会成本应按资源次优利用所产生的效益进行计算。

4. 经济效益和经济费用应采用影子价格计算。对于具有市场价格的投入和产出，影子价格的计算应符合下列要求：

（1）可外贸货物的投入或产出的影子价格应根据口岸价格，按下列公式计算：

1）出口产出的影子价格（出厂价）＝离岸价（*FOB*）×影子汇率－出口费用

(5.2.1－1)

2）进口投入的影子价格（到厂价）＝到岸价（*CIF*）×影子汇率＋进口费用

(5.2.1－2)

（2）对于非外贸货物，其投入或产出的影子价格应根据下列要求计算：

1）如果项目处于竞争性市场环境中，应采用市场价格作为计算项目投入或产出的影子价格的依据。

2）如果项目的投入或产出的规模很大，项目的实施将足以影响其市场价格，导致“有项目”和“无项目”两种情况下市场价格不一致，在项目评价中，取二者的平均值作为测算影子价格的依据。

3）投入与产出的影子价格中流转税按下列原则处理：

①对于产出品，增加供给满足国内市场供应的，影子价格按支付意愿确定，含流转税；替代原有市场供应的，影子价格按机会成本确定，不含流转税。

②对于投入品，用新增供应来满足项目的，影子价格按机会成本确定，不含流转税；挤占原有用户需求来满足项目的，影子价格按支付意愿确定，含流转税。

③在不能判别产出或投入是增加供给还是挤占（替代）原有供给的情况下，可简化处理为：产出的影子价格一般包含流转税，投入的影子价格一般不含流转税。

5. 当项目的产出效果不具有市场价格，或市场价格难以真实反映其经济价值时，应遵循消费者支付意愿和（或）接受补偿意愿的原则，按下列方法测算其影子价格：

（1）采用“显示偏好”的方法，寻找揭示这些影响的隐含价值，对其效果进行间接估算。

（2）采用“陈述偏好”的意愿调查方法，通过对被评估者的直接调查，直接评价调查对象的支付意愿或接受补偿的意愿，从中推断出项目造成的有关外部影响的影子价格。

6. 特殊投入物的影子价格按下列方法计算：

（1）土地是一种重要的经济资源，项目占用的土地无论是否支付费用，均应计算其影子价格。项目所占用的农业、林业、牧业、渔业及其他生产性用地，其影子价格应按照其未来对社会可提供的消费产品的支付意愿及因改变土地用途而发生的新增资源消耗进行计算；项目所占用的住宅、休闲用地等非生产性用地，市场完善的，应根据市场交易价格估算其影子价格；无市场交易价格或市场机制不完善的，应根据受偿意愿估算其影子价格。

（2）项目因使用劳动力所付的工资，是项目实施所付出的代价。劳动力的影子工资等于劳动力机会成本与因劳动力转移而引起的新增资源消耗之和。

（3）项目投入的自然资源，无论在财务上是否付费，在经济费用效益分析中都必须测算其经济费用。不可再生自然资源的影子价格应按资源的机会成本计算；可再生自然资源的影子价格应按资源再生费用计算。

7. 如果项目的产出效果表现为对人力资本、生命延续或疾病预防等方面的影响，应根据项目的具体情况，测算人力资本增值的价值、可能减少死亡的价值，以及对健康影响的价值，并将量化结果纳入项目经济费用效益分析的框架之中。如果货币量化缺乏可靠依据，应采用非货币的方法进行量化。

8. 对于表现为时间节约的项目，其经济价值应采用“有无对比”分析方法，根据不同人群、货物、出行目的等，区别下列情况计算时间节约价值：

（1）根据不同人群及不同出行目的对时间的敏感程度，分析受益者为得到这种节约所愿意支付的费用，测算出行时间节约的价值。

（2）根据不同货物对时间的敏感程度，分析受益者为得到这种节约所愿意支付的费用，测算其时间节约的价值。

9. 外部效果是指项目的产出或投入无意识地给他人带来费用或效益，且项目没有为此付出代价或因此获得收益。为防止外部效果计算扩大化，一般只应计算一次相关效果。

10. 环境及生态影响的外部效果是经济费用效益分析应考虑的一种特殊形式的外部效果。应尽可能对项目所带来的环境影响的效益和费用（损失）进行量化和货币化，将其列入经济流量。

环境及生态影响的效益和费用，应根据项目的时间范围和空间范围、具体特点、评价的深度要求及资料占有情况，采用适当的评估方法与技术对环境影响的外部效果进行识别、量化和货币化。

市政项目在为城市发展和人民生活水平提高做出贡献的同时，在某些方面也会产生一些不利影响，如城市交通项目对临街建筑产生噪声和尘土污染影响；垃圾处理场（厂）的异味、烟尘、渗滤液等对周边环境产生的影响等，这些都应在经济分析中进行实事求是的分析，寻找解决方案，并将相关费用计入经济费用。

11. 效益表现为费用节约的项目，应根据“有无对比”分析原则，计算节约的经济费用，计入项目相应的经济效益。在经济费用分析中，同时应注意避免重复计算。

12. 影子汇率是指用于对外贸货物和服务进行经济费用效益分析时外币的经济价格，影子汇率应能正确反映国家外汇的经济价值，其计算公式为：

$$影子汇率 = 外汇牌价 \times 影子汇率换算系数 \qquad (5.2.1-3)$$

13. 项目经济费用效益分析采用社会折现率对未来经济效益和经济费用流量进行折现。社会折现率是项目经济费用效益分析的重要参数，采用国家统一测算发布的数值。项目的所有效益（包括不能货币化的效果）和费用一般均应在共同的时点基础上予以折现。

5.2.2 在调整财务效益和费用的基础上进行经济费用效益分析

在调整财务效益和费用的基础上进行经济费用效益分析，是指利用项目投资现金流量表，将现金流量转换为经济效益与费用流量，利用表格计算相关指标，其基本步骤为：

1. 剔除财务现金流量中的通货膨胀因素，得到以实价表示的财务现金流量；
2. 剔除运营期财务现金流量中不反映真实资源流量变动状况的转移支付因素；
3. 用影子价格和影子汇率调整建设投资各项组成，并剔除其费用中的转移支付项目；
4. 调整流动资金，将流动资产和流动负债中不反映实际资源耗费的有关现金、应收账款、应付账款、预收账款和预付账款，从流动资金中剔除；
5. 调整经营费用，用影子价格调整主要原材料、燃料及动力费用、职工薪酬等；
6. 调整营业收入，对于具有市场价格的产出物，以市场价格为基础计算其影子价格；对于没有市场价格的产出，以支付意愿或受偿意愿的原则计算其影子价格；
7. 利用经济费用效益流量表计算相关指标。

5.3 经济费用效益分析指标

1. 经济净现值（$ENPV$）。是项目按照社会折现率将计算期内各年的经济净效益流量折现到建设期初的现值之和，其计算公式为：

$$ENPV = \sum_{t=1}^{n} (B-C)_t (1+i_s)^{-t} \qquad (5.3-1)$$

式中 B——经济效益流量；

C——经济费用流量；

$(B-C)_t$——第 t 期经济净效益流量；

i_s——社会折现率；

n——项目计算期。

在经济费用效益分析中，如果经济净现值等于或大于0，表明项目可以达到社会折现率要求的效率水平，认为该项目从经济资源配置的角度可以被接受。

2. 经济内部收益率（$EIRR$）。是项目在计算期内经济净效益流量的现值累计等于0时的折现率，其表达式为：

$$\sum_{t=1}^{n}(B-C)_t(1+EIRR)^{-t}=0 \tag{5.3-2}$$

式中 $EIRR$——项目经济内部收益率；

其他符号同前。

如经济内部收益率等于或者大于社会折现率，表明项目资源配置的经济效率达到了可以被接受的水平。

3. 经济效益费用比（R_{BC}）。是项目在计算期内效益流量的现值与费用流量的现值之比，其计算公式为：

$$R_{BC}=\frac{\sum_{t=1}^{n}B_t(1+i_s)^{-t}}{\sum_{t=1}^{n}C_t(1+i_s)^{-t}} \tag{5.3-3}$$

式中 B_t——第 t 期的经济效益；

C_t——第 t 期的经济费用；

其他符号同前。

如经济效益费用比大于1，表明项目资源配置的经济效率达到了可以被接受的水平。

5.4 利益相关群体分析

在完成上述分析之后，宜进一步分析对比经济费用效益流量与财务现金流量之间的差异和原因，找出受益或受损群体。分析项目对不同利益相关群体在经济上的影响程度，分析项目利益相关群体受益或受损状况的经济合理性。

5.5 定性分析

对于经济效益和费用均可以货币化的项目应采用经济费用效益分析方法；对于效益难以货币化的项目，可采用费用效果分析方法（详见本篇“6 费用效果分析”）；对于效益或费用难以量化或货币化的项目，应进行定性分析。

定性分析结论的表达取决于项目评价的目标、内容和要求。市政各专业对社会经济的影响因素、影响范围等各不相同，其定性分析内容应结合本专业特点和项目实际情况，合理选择。

市政项目对经济、社会、环境的影响主要是正面的，有些项目也有可能产生一些不利影响，应采取防治处理措施，并实事求是地分析计算其产生的损失或进行定性描述。

5.6 经济费用效益分析报表（详见本篇附录）

1. 项目投资经济费用效益流量表（表15）；
2. 经济费用效益分析投资费用估算调整表（表16）；
3. 经济费用效益分析经营费用估算调整表（表17）；
4. 项目直接效益估算调整表（表18）；
5. 项目间接费用估算表（表19）；
6. 项目间接效益估算表（表20）。

6 费用效果分析

6.1 费用效果分析的特点和作用

费用效果分析是通过比较项目预期的效果与所支付的费用，判断项目的费用有效性或经济合理性。对于效益难以货币化的项目，或不易于货币化的效益是项目的主要效益时，费用效益分析方法很难发挥作用，可以采用费用效果分析方法，其结论可作为项目投资决策的依据之一。

费用效果分析是项目经济评价基本分析方法之一，既可以应用于财务现金流量，也可以用于经济费用效益流量。

6.2 费用和效果的定义

费用效果分析中的费用是指为实现项目预定目标所付出的财务代价或经济代价，采用货币计量；效果是指项目的结果所起到的作用、效应或效能，是项目目标的实现程度。应当尽可能将项目目标转化为具体的可量化的指标，并有明确的最低要求。

按照项目要实现的目标，一个项目可选用一个或几个效果指标。在多目标情况下要分清目标的主次，选择必备目标作为考核内容，将其他次要目标作为项目的附带效果进行适当分析。

6.3 费用效果分析的原则

费用效果分析遵循多方案比选的原则，所分析的项目应满足下列条件：

1. 备选方案不少于两个，且为互斥方案或可转化为互斥型的方案；
2. 备选方案应具有共同的目标，目标不同的方案、不满足最低效果要求的方案不可进行比较；
3. 备选方案的费用应能货币化，且资金用量不突破资金限制；
4. 效果应采用同一非货币计量单位衡量，如果有多个效果，其指标加权处理形成单一综合指标；
5. 备选方案应具有可比的寿命周期。

6.4 费用效果分析的步骤

费用效果分析按下列步骤进行：

1. 确立项目目标；
2. 构想和建立备选方案；
3. 将项目目标转化为具体的可量化的效果指标；
4. 识别费用与效果要素，并估算各个备选方案的费用与效果；
5. 利用相关指标，综合比较、分析各个方案优缺点；
6. 推荐最佳方案或提出优先采用的次序。

6.5 费用的计算

费用的计算强调采用寿命周期费用，即项目从建设投资开始到项目终结整个过程的期限内所发生的全部费用，包括投资、经营成本、末期资产回收和拆除、恢复环境的处置费用。费用可按现值公式或按年值公式计算：

1. 费用现值（PC）：

$$PC = \sum_{t=1}^{n} (CO)_t (P/F, i, t) \quad (6.5-1)$$

式中 $(CO)_t$——第 t 期现金流出量；

n——计算期；

i——折现率；

$(P/F, i, t)$——现值系数 $\frac{1}{(1+i)^t}$。

2. 费用年值（AC）：

$$AC = \left[\sum_{t=1}^{n} (CO)_t (P/F, i, t)\right](A/P, i, n) \quad (6.5-2)$$

式中 $(A/P, i, n)$——资金回收系数 $\frac{i(1+i)^n}{(1+i)^n - 1}$；

其他符号同前。

备选方案的计算期不一致时，应采用费用年值公式。

6.6 效果的计算

项目的效果可以采用有助于说明项目收效的任何量纲。项目效果计量单位的选择，既应能切实度量项目目标实现的程度，且要便于计算。若项目的目标不止一个，或项目的效果难以直接度量，需要建立次级分解目标加以度量时，需要用科学的方法确定权重，借助层次分析法对项目的效果进行加权计算，形成统一的综合指标。

6.7 费用效果分析指标

费用效果分析可采用效果费用比为基本指标，其计算公式为：

$$R_{E/C} = \frac{E}{C} \quad (6.7-1)$$

式中 $R_{E/C}$——效果费用比；

E——项目效果；

C——项目计算期内的费用，用现值或年值表示。

该指标表示单位费用所应达到的效果值。

有时为方便或习惯起见，也可以采用费用效果比指标，其计算公式为：

$$R_{C/E} = \frac{C}{E} \tag{6.7-2}$$

该指标表示为取得单位效果所支付的费用。

6.8 费用效果分析的基本方法

1．最小费用法，也称固定效果法，在效果相同的条件下，应选取费用最小的备选方案。

2．最大效果法，也称固定费用法，在费用相同的条件下，应选取效果最大的备选方案。

3．增量分析法，当效果与费用均不固定，且分别具有较大幅度的差别时，应比较两个备选方案之间的费用差额和效果差额，分析获得增量效果所付出的增量费用是否值得。不应盲目选择效果费用比（$R_{E/C}$）大的方案或费用效果比（$R_{C/E}$）小的方案。这种情况下，需要首先确定效果与费用比值最低可接受的基准指标［E/C］$_0$，或最高可接受的单位成本指标［C/E］$_0$，当 $\Delta E/\Delta C \geqslant$［$E/C$］$_0$或 $\Delta C/\Delta E \leqslant$［$C/E$］$_0$时，选择费用高的方案，否则，选择费用低的方案。基准指标的确定需要根据国家经济状况、行业特点、以往同类项目的 E/C 比值水平综合确定。

6.9 增量分析法的步骤

如果项目有两个以上的备选方案进行增量分析，宜按下列步骤选优：

1．将方案费用由小到大排队；

2．从费用最小的两个方案开始比较，通过增量分析选择优势方案；

3．将优势方案与紧邻的下一个方案进行增量分析，并选出新的优势方案；

4．重复第三步，直至最后一个方案。最终被选定的优势方案为最优方案。

7 不确定性分析与风险分析

7.1 不确定性分析与风险分析的作用

项目经济评价所采用的数据大部分来自预测和估算，具有一定程度的不确定性。为分析不确定性因素变化对评价指标的影响，估计项目可能承担的风险，应进行不确定性分析与经济风险分析，提出项目风险的预警、预报和相应的对策，为投资决策服务。不确定性分析主要包括盈亏平衡分析和敏感性分析。

7.2 盈亏平衡分析

盈亏平衡分析是指通过计算项目达产年的盈亏平衡点（BEP），分析成本与收益的平衡关系，判断项目对产出数量变化的适应能力和抗风险能力。盈亏平衡点越低，表明项目适应产出变化的能力越大，抗风险能力越强。盈亏平衡分析只用于财务分析。

盈亏平衡点通过正常年份的产量或销售量、可变成本、固定成本、产品价格和销售税金及附加等数据计算。可变成本主要包括原材料、燃料、动力消耗、包装费和计件工资等。固定成本主要包括职工薪酬（计件工资除外）、折旧费、无形资产及其他资产摊销费、修理费和其他费用等。为简化计算，财务费用一般也作为固定成本。正常年份应选择还款期间的第一个达产年和还款后的年份分别计算，以便分别给出最高和最低的盈亏平衡点区间范围。

盈亏平衡点一般采用公式计算，也可利用盈亏平衡图求取（见附录图1）。项目评价中通常采用以产量和生产能力利用率表示的盈亏平衡点，其计算公式为：

$$BEP_{\text{生产能力利用率}} = \frac{\text{年固定成本}}{\text{年营业收入} - \text{年可变成本} - \text{年营业税金及附加}} \times 100\% \tag{7.2-1}$$

$$BEP_{\text{产量}} = \frac{\text{年固定成本}}{\text{单位产品价格} - \text{单位产品可变成本} - \text{单位产品营业税金及附加}} \tag{7.2-2}$$

当采用含增值税价格时，式中分母还应扣除增值税。

7.3 敏感性分析

敏感性分析是指通过分析不确定性因素发生增减变化时，对财务或经济评价指标的影响，计算敏感度系数和临界点，找出敏感因素。

1. 单因素分析与多因素分析。敏感性分析包括单因素分析和多因素分析。单因素分析是指每次只改变一个因素的数值来进行分析；多因素分析则是同时改变两个或两个以上因素进行分析。为找出关键的敏感性因素，通常只进行单因素敏感性分析。

2. 不确定性因素的选取。敏感性分析通常对那些重要的且可能对项目效益影响较大的不确定性因素进行分析。经验表明，通常主要对产出价格、建设投资、主要投入物价格或可变成本、生产负荷、建设期及汇率等不确定性因素进行敏感性分析。不确定性因素的选取应根据行业和项目特点，结合经验判断，包括项目后评价的经验。

3. 不确定性因素变化程度的确定。敏感性分析一般是选择不确定性因素变化的百分率为 ±5%、±10%、±15%、±20% 等；对于不便用百分数表示的因素，例如建设工期，可采用延长一段时间表示，通常延长一年。

4. 敏感性分析中项目评价指标的选取。项目经济评价有一整套指标体系，敏感性分析可选定其中一个或几个主要指标进行分析，最基本的分析指标是内部收益率，根据项目的实际情况也可选择净现值或投资回收期评价指标，必要时可同时针对两个或两个以上的指标进行敏感性分析。

5. 敏感度系数（S_{AF}）。敏感度系数（S_{AF}）是指项目评价指标变化的百分率与不确定性因素变化的百分率之比，其计算公式为：

$$S_{AF} = \frac{\Delta A/A}{\Delta F/F} \tag{7.3}$$

式中 S_{AF}——评价指标 A 对于不确定因素 F 的敏感系数；

$\Delta F/F$——不确定性因素 F 的变化率；

$\Delta A/A$——不确定性因素 F 发生 ΔF 变化时，评价指标 A 的相应变化率。

$S_{AF}>0$ 时，表示评价指标与不确定性因素同方向变化；$S_{AF}<0$ 时，表示评价指标与不确定性因素反方向变化。$|S_{AF}|$ 较大者敏感度系数高。

6. 临界点（转换值）。临界点（转换值）是指不确定性因素的变化使项目由可行变为不可行的临界数值，一般采用不确定性因素相对基本方案的变化率或其对应的具体数值表示。临界点可通过敏感性分析图得到近似值，也可采用试算法求解。

7. 敏感性分析结果的表示。敏感性分析的计算结果，应采用敏感性分析表（见本篇附录表 21）或敏感性分析图（见本篇附录图 2）表示；敏感度系数和临界点分析的结果，应采用敏感度系数和临界点分析表（见本篇附录表 22）表示。

7.4 经济风险分析

经济风险分析是不确定性分析的补充和延伸，是指由于不确定性的存在导致项目实施后偏离预期财务和经济效益目标的可能性。经济风险分析通过识别项目潜在的风险因素，采用定性与定量相结合的方法估计各风险因素发生变化的可能性，以及这些变化对项目的影响程度，揭示影响项目的关键风险因素，提出项目风险的预警、预报和相应的对策。通过风险分析的信息反馈，改进或优化设计方案，降低项目风险。

7.4.1 经济风险来源

1. 市场方面。由于项目建设规模与市场需求量的偏差，主要投入物价格上涨或可供量减少等，导致产量、成本和销售收入达不到预期目标，给项目预期收益带来损失。

2. 技术方面。项目采用的国内外技术的先进性、可靠性、适用性和经济性与原方案发生重大变化，导致项目不能按期进入正常生产状态；或生产能力利用率降低，达不到设计要求；或生产成本提高，产品质量达不到预期要求等。

3. 工程方面。因工程地质和水文地质条件出乎预料的变化，工程设计发生重大变化，导致工程量和投资增加，工期延长所造成的损失；由于前期准备工作不足，导致项目实施阶段建设方案发生变化；工程设计方案不合理，可能给项目的生产经营带来影响，造成经济损失。

4. 资源方面。市政水、热、气项目要受资源条件的约束。资源受自然条件变化（如水文）、资源勘探不明（如储量小于原预测数）、资源分配政策变化等因素的影响，造成与原预测结果发生较大偏差，可能导致项目成本提高、产出降低或经济寿命缩短，造成巨大的经济损失。

5. 配套条件方面。市政网络型项目（单元）对配套设施（管网）的依赖程度较高，如果配套设施建设不能先行或同步进行，致使项目达产时间推迟，项目运行达不到预期要求，影响投资效益。

6. 环境与社会方面。有些市政项目会伴随一些不利影响，如城市交通项目的噪声，污水处理厂和垃圾处理场的异味、烟尘渗滤液等。如项目选址或项目环保措施不当，可能对周围社区和生态环境带来负面影响，导致周围居民和社会群体的反对或阻碍，造成直接经济损失。

7. 融资方面。项目资金来源的可靠性、充足性和及时性不能保证；由于工程量预计不足或设备材料价格上升导致投资增加；由于计划不周或外部条件等因素导致建设工期拖延；利率或汇率变化导致融资成本升高所造成的损失。

8. 组织管理方面。由于项目组织结构不当、管理机制不完善等，导致项目不能按计划建成投产，投资超出估算。

9. 政策方面。由于政府政策调整，法律法规变更，使项目原定目标难以实现所造成的损失，如税收、金融、环保、产业政策等的调整变化，税率、利率、汇率、通货膨胀率的变化都会对项目经济效益带来影响；由于城市规划的变动，使项目周围的环境功能发生了较大变化所带来的风险。

10. 其他方面。除上述各种风险之外的其他可能的风险。

并非每个市政项目都同时存在以上风险，应根据项目的具体情况进行识别。项目的风险种类应能反映项目所在行业及应用领域的特征。

7.4.2 经济风险因素

通过上述十个方面的风险来源分析，找出影响项目效益的经济风险因素，归纳为以下六类：

1. 项目收益风险：产出的数量（服务量）与预测（财务与经济）价格。

2. 建设投资风险：建筑安装工程量、设备选型与数量、土地征用和拆迁安置费用、人工费、材料价格、机械使用费及取费标准等。

3. 融资风险：资金来源、供应量与供应时间等。

4. 建设工期风险：工期延长。

5. 运营成本费用风险：投入的各种原料、材料、燃料、动力的需求量与预测价格、职工薪酬、各种管理费取费标准等。

6. 政策风险：税率、利率、汇率及通货膨胀率等。

7.5 项目风险分析过程

项目风险分析过程一般包括风险识别、风险估计、风险评价与风险应对。

7.5.1 风险识别

风险识别应采用系统论的观点对项目进行全面考察和综合分析，找出潜在的各种风险因素，并对各种风险进行比较、分类，确定各因素间的相关性和独立性，判断其发生的可能性及对项目的影响程度，按其重要性进行排队或赋予权重。风险识别应根据项目的特点选用适当的方法。常用的方法有问卷调查、专家调查法和情景分析等。

7.5.2 风险估计

风险估计是在风险识别之后，通过定量分析方法测度风险发生的可能性及对项目的影响。通常采用主观概率和客观概率的统计方法，确定风险因素的概率分布，运用数理统计分析方法，计算项目评价指标相应的概率分布或累计概率、期望值、标准差。确定风险事件的概率分布常用的方法有概率树、蒙特卡罗模拟及 CIM 模型等分析方法。

7.5.3 风险评价

风险评价应根据风险识别和风险估计的结果，依据项目风险判别标准，找出影响项目成败的关键风险因素。项目风险大小的评价标准应根据风险因素发生的可能性及其造成的损失来确定，一般采用评价指标的概率分布或累计概率、期望值、标准差作为判别标准，也可采用综合风险等级作为判别标准。

1. 以评价指标作为判别标准：

（1）财务（经济）内部收益率大于等于基准收益率（社会折现率）的累计概率值越大，风险越小；标准差越小，风险越小。

（2）财务（经济）净现值大于等于零的累计概率值越大，风险越小；标准差越小，风险越小。

2. 以综合风险等级作为判别标准。根据风险因素发生的可能性及其造成损失的程度，建立风险等级的矩阵，将风险发生的可能性与影响程度综合起来，以风险应对的方式来表示风险的综合等级。所示风险等级亦可采用数学推导和专家判断相结合确定。

综合风险等级分类表

综合风险等级		风险影响的程度			
		严重	较大	适度	低
风险的可能性	高	*K*	*M*	*R*	*R*
	较高	*M*	*M*	*R*	*R*
	适度	*T*	*T*	*R*	*I*
	低	*T*	*T*	*R*	*I*

综合风险等级分为*K*、*M*、*T*、*R*、*I*五个等级：

K（*Kill*）表示项目风险很强；

M（*Modify plan*）表示项目风险强；

T（*Trigger*）表示风险较强；

R（*Review and reconsider*）表示风险适度（较小）；

I（*Ignore*）表示风险弱。

落在表左上角的风险会产生严重后果；落在表左下角的风险，发生的可能性相对低，必须注意临界指标的变化，提前防范与管理；落在表右上角的风险影响虽然相对适度，但是发生的可能性相对高，也会对项目产生影响，应注意防范；落在表右下角的风险，损失不大，发生的概率小，可以忽略不计。

7.5.4 风险应对

风险应对是根据风险评价的结果，研究规避、控制与防范风险的措施，为项目全过程风险管理提供依据。具体应关注以下方面：

1. 风险应对的原则：应具有针对性、可行性、经济性，并贯穿于项目评价的全过程。

2. 决策阶段风险应对的主要措施：强调多方案比选；对潜在风险因素提出必要的研究与试验课题；对投资估算与财务（经济）分析，应留有充分的余地；对建设期或运营期的潜在风险可建议采取回避、转移、分担和自担措施。

3. 结合综合风险因素等级的分析结果，提出下列应对方案：

*K*级：出现这类风险就要放弃项目；

M 级：修正拟议中的方案，通过改变设计或采取补偿措施等；

T 级：设定某些指标的临界值，指标一旦达到临界值，就要变更设计或对负面影响采取补偿措施；

R 级：适当采取措施后不影响项目；

I 级：可忽略不计。

7.6 一般要求

根据项目特点及评价要求，风险分析可区别下列情况进行：

1. 重大的建设项目宜按 7.5 条步骤进行风险分析。

2. 如投资方有要求，一般项目可直接在敏感性分析的基础上，采用概率树分析和蒙特卡罗模拟分析法，确定各变量（如收益、投资、工期、产量等）的变化区间及概率分布，计算项目内部收益率、净现值等评价指标的概率分布、期望值及标准差，并根据计算结果进行风险评价。

3. 在定量分析有困难时，也可对风险采用定性分析。

8 方案经济比选

8.1 方案经济比选的作用

方案经济比选是寻求合理的经济和技术方案的必要手段，也是项目评价的重要内容，项目经济评价中宜对互斥方案和可转化为互斥型方案的方案进行比选。

8.2 备选方案应满足下列条件

1. 备选方案的整体功能应达到目标要求；

2. 备选方案的经济效率应达到可接受的水平；

3. 备选方案包含的范围和时间应一致，效益和费用计算口径应一致。

8.3 方案经济比选可采用的方法

方案经济比选可采用效益比选法、费用比选法和最低价格法。

1. 效益比选方法：

（1）净现值比较法，比较备选方案的财务净现值或经济净现值，以净现值大的方案为优。

（2）净年值比较法，比较备选方案的净年值，以净年值大的方案为优。其表达式为：

$$AW = \left[\sum_{t=1}^{n} (S - I - C' + S_v + W)_t (P/F,i,t) \right] (A/P,i,n) \qquad (8.3-1)$$

或

$$AW = NPV(A/P,i,n) \qquad (8.3-2)$$

式中 S——年销售收入；

I——年全部投资；

C'——年运营费用；

S_v——计算期末回收的固定资产余值；

W——计算期末回收的流动资金；

$(P/F, i, t)$——现值系数；

$(A/P, i, n)$——资金回收系数；

i——设定的折现率；

n——计算期；

NPV——净现值。

（3）差额投资财务内部收益率法，使用备选方案差额现金流，其表达式为：

$$\sum_{t=1}^{n}[(CI-CO)_{大}-(CI-CO)_{小}]_t(1+\Delta FIRR)^{-t}=0 \quad (8.3-3)$$

式中 $(CI-CO)_{大}$——投资大的方案的财务净现金流量；

$(CI-CO)_{小}$——投资小的方案的财务净现金流量；

$\Delta FIRR$——差额投资财务内部收益率。

将差额投资财务内部收益率（$\Delta FIRR$），与设定的基准收益率（i_c）进行对比，当差额投资财务内部收益率大于或等于设定的基准收益率时，以投资大的方案为优，反之，投资小的方案为优。在进行多方案比较时，应先按投资大小，由小到大排序，再依次就相邻方案两两比较，从中选出最优方案。

（4）差额投资经济内部收益率（$\Delta EIRR$）法，可用经济净现金流量替代式（8.3－1）中的财务净现金流量，进行方案经济比选。

2. 费用比选方法：

（1）费用现值比较法。计算备选方案的总费用现值并进行对比，以费用现值较低的方案为优。其表达式为：

$$PC=\sum_{t=1}^{n}(I+C'-S_v-W)_t(P/F,i,t) \quad (8.3-4)$$

式中 PC——费用现值。

（2）费用年值比较法。计算备选方案的费用年值并进行对比，以费用年值较低的方案为优。其表达式为：

$$AC=\left[\sum_{t-1}^{n}(I+C'-S_v-W)_t(P/F,i,t)\right](A/P,i,n) \quad (8.3-5)$$

或

$$AC=PC(A/P,i,n) \quad (8.3-6)$$

式中 $(A/P, i, n)$——资金回收系数。

3. 最低价格（服务收费标准）比较法。在相同产出方案比选中，以净现值为零推算备选方案的产出最低价格（P_{min}），应以最低产品价格较低的方案为优。

多方案经济比选时，应采用相同的折现率。在项目无资金约束的条件下，一般采用差额内部收益率法、净现值法和年值法；方案效益相同或基本相同时，可采用最小费用法，即费用现值比较法和费用年值法。

8.4 方案经济比选的类型

1. 局部比选与整体比选相结合。局部比选操作相对简单，容易提高比选结果差异的显著性，如备选方案在许多方面都存在差异，采用局部比选工作量大，且每个局部比选结果之间出现交叉优势，比选结果呈多样性，难以提供决策时，应采用整体比选方法。

2. 综合比选与专项比选相结合。一般项目方案比选是选择两个或三个备选方案进行整体的综合比选，从中选出最优方案作为推荐方案。实际过程中，往往还需要根据项目的具体情况，进行必要的局部专项方案比选，如产出规模的确定、技术路线与厂址的选择等。

3. 定性比选与定量比选相结合。定性分析较适用于方案比选的初级阶段，在比选因素较直观且不复杂情况下，采用定性分析可以满足比选要求；在较为复杂系统方案比选工作中，一般先经过定性分析，直观很难判断各个方案的优劣，再通过定量分析，论证其经济效益的大小，据以判别方案的优劣；有时，需要定性比选和定量比选相结合来判别方案的优劣。

8.5 不确定性因素下的方案比选

在多方案比较中，应分析不确定性因素和风险因素对方案比选的影响，判断其对比较结果的影响程度，必要时，应进行不确定性分析或风险分析，以保证比选结果的有效性。在比选时应遵循效益与风险权衡的原则。不确定性因素下的方案比选可采用下列方法：

1. 折现率调整法。调高折现率使备选方案净现值变为零，折现率变动幅度小的方案风险大，折现率变动幅度大的方案风险小。

2. 标准差法。对备选方案进行概率分析，计算出评价指标的期望值和标准差，在期望值满足要求的前提下，比较其标准差，标准差较高者，风险相对较大。

3. 累计概率法。计算备选方案净现值大于或等于零的累计概率，估计方案承受风险的程度，方案的净现值大于或等于零的累计概率值越接近于1，说明方案的风险越小；反之，方案的风险大。

8.6 方案经济比选应注意的问题

1. 备选方案必须是互斥关系和可转化为互斥关系的多方案比选。

2. 同时进行财务分析和经济费用效益分析时，应按经济费用效益分析的结论选择方案。

3. 备选方案的经济指标比较差异不大时，不能依此判定方案的优劣，只有经济指标的取值存在足够的差异，且估算和测算的误差不足以使评价结论出现逆转时，才能认定比较方案有显著的差异，并据此判定方案的优劣。

4. 备选方案的计算期不同时，宜采用净年值法和费用年值法。如果采用差额投资内部收益率法，可将各方案计算期的最小公倍数作为比较方案的计算期，或者以各方案中最短的计算期作为比较方案的计算期。

5. 方案比选中经济评价指标的应用范围见本篇附录表23。

9 改扩建项目经济评价

9.1 改扩建项目的特点

改扩建项目是指既有企业利用原有资产与资源，投资形成新的生产（服务）设施，扩大或完善原有生产（服务）系统的活动，包括改建、扩建、迁建和停产复建等。改扩建项目具有以下特点：

1. 项目是既有企业的有机组成部分，项目的活动与企业的活动在一定程度上是有区别的；

2. 项目的融资主体是既有企业，项目的还款主体是既有企业；

3. 项目一般要利用既有企业的部分或全部资产与资源，而且不发生资产与资源的产权转移；

4. 建设期内既有企业生产（运营）与项目建设一般同时进行。

9.2 改扩建项目五种状态数据的识别与估算

改扩建项目经济评价应正确识别与估算“有项目”、“无项目”、“现状”、“新增”、“增量”等五种状态下的资产、资源、效益与费用数据。

1. “有项目”，指既有企业进行投资活动后，在项目的经济寿命期内以及项目范围内可能发生的效益与费用流量。“有项目”的流量是时间序列的数据。

2. “无项目”，指既有企业利用拟建项目范围内的部分或全部原有资产，在项目计算期内可能发生的效益与费用流量。“无项目”的流量是时间序列的数据。

3. “增量”，是“有项目”的流量减“无项目”的流量，即通过“有无对比”得出的时间序列的数据。“有项目”投资、效益和费用与“无项目”投资、效益和费用相减，分别得到“增量”投资、效益和费用。

4. “现状”，是项目实施前的资产与资源、效益与费用数据，也称为基本值，是一个时点数据。“现状”数据对于比较“项目前”与“项目后”的效果有重要作用。现状数据也是预测“有项目”和“无项目”的基础。现状数据一般可用实施前一年的数据，当该年数据不具有代表性时，可选用有代表性年份的数据或近几年数据的平均值。对其中生产能力的估计，应慎重取值。

5. “新增”，是项目实施过程各时点“有项目”的流量与“现状”数据之差，也是时间序列的数据。新增投资包括建设投资和流动资金，还包括原有资产的改良支出、拆除、运输和重新安装费用。新增投资是改扩建项目筹措资金的依据。

“有项目”与“无项目”的口径与范围应当保持一致。避免效益与费用误算、漏算或重复计算。对于难以计量的效益和费用，可做定性描述。

9.3 项目效益与费用的范围界定

项目效益与费用的范围界定合适与否，与项目的经济效益和评价的繁简程度有直接关系。

1. 在财务分析中，效益与费用的范围是指项目活动的直接影响范围。局部改扩建项目范围只包括既有企业的一部分；整体改扩建项目范围包括整个既有企业。

2. 在经济费用效益分析中，效益与费用范围指项目活动的直接和间接影响的范围。

3. 在保证不影响分析结果的情况下应尽可能缩小项目的范围。

9.4 改扩建项目两个分析层次

改扩建项目财务分析采用一般建设项目财务分析的基本原理和分析指标（详见本篇“4 财务分析”）。由于项目与既有企业既有联系又有区别，一般可进行以下两个层次的分析：

1. 项目层次：盈利能力分析，遵循“有无对比”的原则，利用“有项目”与“无项目”的效益与费用计算增量效益与增量费用，用于分析项目的增量盈利能力，并作为项目决策的主要依据之一；清偿能力分析，分析“有项目”的偿债能力，若“有项目”还款资金不足，应分析“有项目”还款资金的缺口，即既有企业应为项目额外提供的还款资金数额；财务生存能力分析，分析“有项目”的财务生存能力。符合简化条件时，项目层次分析可直接用“增量”数据和相关指标进行分析。

2. 企业层次：分析既有企业以往的财务状况与今后可能的财务状况，了解企业生产与经营情况、资产负债结构、发展战略、资源利用优化的必要性、企业的信用等。特别关注企业为项目的融资能力、企业自身的资金成本或同项目有关的资金机会成本。有条件时要分析既有企业包括项目债务在内的还款能力。

9.5 改扩建项目经济评价要考虑项目对企业经济效益的影响

改扩建项目应分析项目对既有企业的贡献。通过计算项目实施后既有企业的营业收入、利润总额等指标的“新增”数据及相关增长率，估算项目投资活动对既有企业财务状况改善的贡献。

9.6 改扩建项目经济费用效益分析

改扩建项目的经济费用效益分析应采用一般建设项目的经济费用效益分析原理，其分析指标为增量经济净现值和经济内部收益率。应正确识别“有项目”与“无项目”的经济效益和经济费用。

9.7 改扩建项目经济评价与投资决策

进行改扩建项目的既有企业条件各异，应根据项目目的、项目层次与企业层次财务分析的结果、经济费用效益分析的结果，结合不确定性分析和风险分析的结果，以及项目对企业的贡献等，统筹兼顾，进行多指标投融资决策。

9.8 改扩建项目经济评价的简化处理

符合下列特定条件之一的改扩建项目，可简化处理，按新建项目进行评价：

1. 项目的投入和产出与既有企业的生产经营活动相对独立；
2. 以增加产出为目的的项目，增量产出占既有企业产出比例较小；
3. 利用既有企业的资产与资源量与新增量相比较小；
4. 效益和费用的增量流量较容易确定；
5. 市政主网的数据难以收集和确定，历史资料的可得性和可靠性受限；
6. 其他特定情况。

9.9 改扩建项目经济评价应注意的问题

改扩建项目经济评价应处理好计算期的可比性、原有资产利用、停产减产损失、沉没成本、机会成本等问题。

1. 计算期的可比性。根据“效益与费用口径对应一致”的原则，改扩建项目经济评价的计算期一般取“有项目”情况下的计算期。如果“无项目”的计算期短于“有项目”的计算期，可以通过追加投资（局部更新或全部更新）来维持“无项目”的计算期，延长其寿命期至“有项目”的结束期，并于计算期末回收资产余值；若在经济或技术上延长寿命不可行，则适时终止“无项目”的计算期，其后各期现金流量计为零。

2. 原有资产利用的问题。改扩建项目范围内的原有资产可分为“可利用的”与“不可利用的”两部分。“有项目”时原“可利用的”资产与新增投资一起计入投资费用。“可利用的”的资产要按其净值提取折旧和修理费。“不可利用”的资产如果变卖，其价值按变卖时间和变现价值计作现金流入（新增投资资金来源），不能冲减新增投资。如果“不可利用的”资产不变现或报废，仍然是资产的一部分，但计算项目的折旧时不予考虑。

3. 停产减产损失。改扩建活动与生产同时进行时，会造成部分生产停止或减产，导致减少“老产品”的营业收入，同时也会减少相应的生产费用。这些流量的变化均应在销售收入表和生产成本表中有所体现，最终反映在现金流量表中，因此不必单独估算。如果直接用增量费用与增量效益计算，停产和减产损失应列为项目的费用。

4. 沉没成本处理。沉没成本是既有企业过去投资决策发生的，不受现在投资决策影响，已经计入过去投资费用回收计划的费用。沉没成本是“有项目”和“无项目”都存在的成本，对于实现项目的效益不会增加额外的费用，不应当包括在项目的增量费用之中。对沉没成本的这种处理办法可能导致项目的内部收益率很高，但确实反映了当前投资决策的性质。如为弄清原来投资决策是否合理，可以计算整个项目（“有项目”状态）（包括已经建成和拟建的项目）的收益率，这时应把沉没成本计算在内。

5. 机会成本。如项目利用的现有资产，有明确的其他用途（出售、出租或有明确的使用效益），则将资产用于该用途能为企业带来的收益看作为项目使用该资产的机会成本，即无项目时的收入，按照有无对比识别效益和费用的原则，应将其作为无项目时的现金流入。

9.10 改扩建项目经济评价报表

改扩建项目经济评价所用的表格可参照财务分析表格和经济费用效益分析表格，所用指标也与一般项目相同。一般情况下，财务（经济）效益与费用宜分别单列“有项目”与“无项目”的现金流入与流出。

附录

表 格 与 图

表 1　建设投资估算表

人民币单位：万元，外币单位：

序号	工程或费用名称	建筑工程费	安装工程费	设备购置费	其他费用	合计	其中：外币	比例（%）
1	工程费用							
1.1	×××							
	……							
2	工程建设其他费用							
2.1	×××							
	……							
3	预备费							
3.1	基本预备费							
3.2	涨价预备费							
4	建设投资合计							
	比例（%）							100%

注：1. 本表适用于新设法人项目与既有法人项目的新增建设投资的估算。
2. “比例”分别指各主要科目的费用（包括横向和纵向）占建设投资的比例。
3. “工程或费用名称”可依不同行业的要求调整。

表2　建设期利息估算表

人民币单位：万元

序号	项　　目	合计	建　设　期					
			1	2	3	4	……	n
1	借款							
1.1	建设期利息							
1.1.1	期初借款余额							
1.1.2	当期借款							
1.1.3	当期应计利息							
1.1.4	期末借款余额							
1.2	其他融资费用							
1.3	小计（1.1+1.2）							
2								
2.1	建设期利息							
2.1.1	期初债务余额							
2.1.2	当期债务金额							
2.1.3	当期应计利息							
2.1.4	期末债务余额							
2.2	其他融资费用							
2.3	小计（2.1+2.2）							
3	合计（1.3+2.3）							
3.1	建设期利息合计（1.1+2.1）							
3.2	其他融资费用合计（1.2+2.2）							

注：1. 本表适用于新设法人项目与既有法人项目的新增建设期利息的估算。

2. 原则上应分别估算外汇和人民币债务。

3. 如有多种借款或债券，必要时应分别列出。

4. 本表与财务分析表“借款还本付息计划表”（表14）可二表合一。

表 3　流动资金估算表

人民币单位：万元

序号	项　　目	最低周转天数	周转次数	计　算　期					
				1	2	3	4	……	*n*
1	流动资产								
1.1	应收账款								
1.2	存货								
1.2.1	原材料								
1.2.2	×××								
	……								
1.2.3	燃料								
	×××								
	……								
1.2.4	在产品								
1.2.5	产成品								
1.3	现金								
1.4	预付账款								
2	流动负债								
2.1	应付账款								
2.2	预收账款								
3	流动资金（1－2）								
4	流动资金当期增加额								

注：1. 本表适用于新设法人项目与既有法人项目的“有项目”、“无项目”和增量流动资金的估算。
2. 表中科目可视行业具体情况进行调整。
3. 如发生外币流动资金，应另行估算后予以说明，其数额应包含在本表数额内。
4. 不发生预付账款和预收账款的项目可不列这两项。

表4 项目总投资使用计划与资金筹措表

人民币单位：万元，外币单位：

序号	项　目	合　计			1			……		
		人民币	外币	小计	人民币	外币	小计	人民币	外币	小计
1	总投资									
1.1	建设投资									
1.2	建设期利息									
1.3	流动资金									
2	资金筹措									
2.1	项目资本金									
2.1.1	用于建设投资									
	××方									
	……									
2.1.2	用于流动资金									
	××方									
	……									
2.1.3	用于建设期利息									
	××方									
	……									
2.2	债务资金									
2.2.1	用于建设投资									
	××借款									
	××债券									
	……									
2.2.2	用于建设期利息									
	××借款									
	××债券									
	……									
2.2.3	用于流动资金									
	××借款									
	××债券									
	……									
2.3	其他资金									
	×××									
	……									

注：1. 本表按新增投资范畴编制。

2. 本表建设期利息一般可包括其他融资费用。

3. 对既有法人项目，项目资本金中可包括新增资金和既有法人货币资金与资产变现或资产经营权变现的资金，可分别列出或加以文字说明。

表5　营业收入、营业税金及附加和增值税估算表

人民币单位：万元

序号	项　　目	合计	计　算　期					
			1	2	3	4	……	n
1	营业收入							
1.1	产品A营业收入							
	单价							
	数量							
	销项税额							
1.2	产品B营业收入							
	单价							
	数量							
	销项税额							
	……							
2	营业税金及附加							
2.1	营业税							
2.2	消费税							
2.3	城市维护建设税							
2.4	教育费附加							
3	增值税							
	销项税额							
	进项税额							

注：1. 本表适用于新设法人项目与既有法人项目的“有项目”、“无项目”和增量的营业收入、营业税金及附加和增值税的估算。

2. 根据行业或产品的不同可增减相应税收科目。

表 6　总成本费用估算表（生产要素法）

人民币单位：万元

序号	项　　目	合计	计　算　期					
			1	2	3	4	……	n
1	外购原材料费							
2	外购燃料及动力费							
3	职工薪酬							
4	修理费							
5	其他费用							
6	经营成本(1+2+3+4+5)							
7	折旧费							
8	摊销费							
9	财务费用							
10	总成本费用合计（6+7+8+9）							
	其中：可变成本							
	固定成本							

注：本表适用于新设法人项目与既有法人项目的“有项目”、“无项目”和增量成本费用的估算。

表 $6_{基1}$　外购原材料费估算表

人民币单位：万元

序号	项　　目	合计	计　算　期					
			1	2	3	4	……	n
1	外购原材料费							
1.1	原材料 A							
	单价							
	数量							
	进项税额							
1.2	原材料 B							
	单价							
	数量							
	进项税额							
	……							
2	辅助材料费用							
	进项税额							
3	其他							
	进项税额							
4	外购原材料费合计							
5	外购原材料进项税额合计							

注：本表适用于新设法人项目与既有法人项目的“有项目”、“无项目”和增量外购原材料费的估算。

表 $6_{基2}$　外购燃料及动力费估算表

人民币单位：万元

序号	项　　目	合计	计　算　期					
			1	2	3	4	……	n
1	燃料费							
1.1	燃料 A							
	单价							
	数量							
	进项税额							
	……							
2	动力费							
2.1	动力 A							
	单价							
	数量							
	进项税额							
	……							
3	外购燃料及动力费合计							
4	外购燃料及动力进项税额合计							

注：本表适用于新设法人项目与既有法人项目的“有项目”、“无项目”和增量外购燃料及动力费的估算。

表 $6_{基3}$　固定资产折旧费估算表

人民币单位：万元

序号	项　　目	合计	计　算　期					
			1	2	3	4	……	n
1	房屋、建筑物							
	原值							
	当期折旧费							
	净值							
2	机器设备							
	原值							
	当期折旧费							
	净值							
	……							
3	合计							
	原值							
	当期折旧费							
	净值							

注：本表适用于新设法人项目固定资产折旧费的估算，以及既有法人项目的“有项目”、“无项目”和增量固定资产折旧费的估算。当估算既有法人项目的“有项目”固定资产折旧费时，应将新增和利用原有部分固定资产分别列出，并分别计算折旧费。

表 $6_{基4}$ 无形资产和其他资产摊销估算表

人民币单位：万元

序号	项　　目	合计	计　算　期					
			1	2	3	4	……	*n*
1	无形资产							
	原值							
	当期摊销费							
	净值							
2	其他资产							
	原值							
	当期摊销费							
	净值							
	……							
3	合计							
	原值							
	当期摊销费							
	净值							

注：本表适用于新设法人项目摊销费的估算，以及既有法人项目的“有项目”、“无项目”和增量摊销费的估算。当估算既有法人项目的“有项目”摊销费时，应将新增和利用原有部分的资产分别列出，并分别计算摊销费。

表 $6_{基5}$　职工薪酬估算表

人民币单位：万元

序号	项　　目	合计	计　算　期					
			1	2	3	4	……	*n*
1	生产人员							
1.1	人数							
1.2	人均年工资							
1.3	工资额							
2	技术人员							
2.1	人数							
2.2	人均年工资							
2.3	工资额							
3	管理人员							
3.1	人数							
3.2	人均年工资							
3.3	工资额							
4	工资总额（1.3+2.3+3.3）							
5	福利费							
6	住房公积金							
7	保险费综合							
8	工会经费							
	合计（4+5+6+7+8）							

注：1. 本表适用于新设法人项目职工薪酬的估算，以及既有法人项目的“有项目”、“无项目”和增量职工薪酬的估算。

2. 技术人员指生产单位（车间或分厂）管理人员。

表7　总成本费用估算表（生产成本加期间费用法）

人民币单位：万元

序号	项　　目	合计	计　算　期					
			1	2	3	4	……	n
1	生产成本							
1.1	直接材料费							
1.2	直接燃料及动力费							
1.3	直接职工薪酬							
1.4	制造费用							
1.4.1	折旧费							
1.4.2	修理费							
1.4.3	其他制造费							
2	管理费用							
2.1	无形资产摊销							
2.2	其他资产摊销							
2.3	其他管理费用							
3	财务费用							
3.1	长期借款利息							
3.2	流动资金借款利息							
3.3	短期借款利息							
4	营业费用							
5	总成本费用合计（1+2+3+4）							
5.1	其中：可变成本							
5.2	固定成本							
6	经营成本（5-1.4.1-2.1-2.2-3.1）							

注：1. 本表适用于新设法人项目与既有法人项目的“有项目”、“无项目”和增量总成本费用的估算。

2. 生产成本中的折旧费、修理费指生产性设施的固定资产折旧费和修理费。

3. 生产成本中的职工薪酬指生产人员的职工薪酬。车间或分厂管理人员的职工薪酬可在制造费用中单独列项或含在其他制造费中。

4. 本表其他管理费用中含管理设施的折旧费、修理费以及管理人员的职工薪酬。

5. 采用生产成本加期间费用法时，职工薪酬估算表可参照表$6_{基5}$，项目栏按生产人员职工薪酬、技术人员职工薪酬和管理人员职工薪酬三项分别估算，再进行加总。

表 8　项目投资现金流量表

人民币单位：万元

序号	项　　目	合计	计　算　期					
			1	2	3	4	……	n
1	现金流入							
1.1	营业收入							
1.2	补贴收入							
1.3	回收固定资产余值							
1.4	回收流动资金							
2	现金流出							
2.1	建设投资							
2.2	流动资金							
2.3	经营成本							
2.4	营业税金及附加							
2.5	维持运营投资							
3	所得税前净现金流量（1－2）							
4	累计所得税前净现金流量							
5	调整所得税							
6	所得税后净现金流量（3－5）							
7	累计所得税后净现金流量							

计算指标：
项目投资财务内部收益率（%）（所得税前）
项目投资财务内部收益率（%）（所得税后）
项目投资财务净现值（所得税前）（i_c =%）
项目投资财务净现值（所得税后）（i_c =%）
项目投资回收期（年）（所得税前）
项目投资回收期（年）（所得税后）

注：1. 本表适用于新设法人项目与既有法人项目的“有项目”和增量的现金流量分析。
2. 调整所得税为以息税前利润为基数计算的所得税，区别于“利润与利润分配表”、“项目资本金现金流量表”和“财务计划现金流量表”中的所得税。

表 9　项目资本金现金流量表

人民币单位：万元

序号	项　　目	合计	计　算　期					
			1	2	3	4	……	n
1	现金流入							
1.1	营业收入							
1.2	补贴收入							
1.3	回收固定资产余值							
1.4	回收流动资金							
2	现金流出							
2.1	项目资本金							
2.2	借款本金偿还							
2.3	借款利息支付							
2.4	经营成本							
2.5	营业税金及附加							
2.6	所得税							
2.7	维持运营投资							
3	净现金流量（1－2）							
计算指标： 项目资本金财务内部收益率（%）								

注：1. 本表适用于新设法人项目与既有法人项目“有项目”的现金流量分析。

2. 项目资本金包括建设投资、建设期利息和部分流动资金。

3. 对外商投资项目，现金流出中应增加职工奖励及福利基金科目。

表10　投资各方现金流量表

人民币单位：万元

序号	项　　目	合计	计　算　期					
			1	2	3	4	……	n
1	现金流入							
1.1	实分利润							
1.2	资产处置收益分配							
1.3	租赁费收入							
1.4	技术转让或使用收入							
1.5	其他现金流入							
2	现金流出							
2.1	实缴资本							
2.2	租赁资产支出							
2.3	其他现金流出							
3	净现金流量（1－2）							
计算指标： 投资各方财务内部收益率（%）								

注：1. 本表适用于内资企业、外商投资企业、合资企业、合作企业等。可按不同投资方分别编制。
2. 本表中现金流入是指出资方因该项目的实施将实际获得的各种收入；现金流出是指出资方因该项目的实施将实际投入的各种支出。
3. 实分利润是指投资者由项目获取的利润。
4. 资产处置收益分配是指对有明确的合营期限或合资期限的项目，在期满时对资产余值按股权比例或约定比例的分配。
5. 租赁费收入是指出资方将自己的资产租赁给项目使用所获得的收入。应将资产价值作为现金流出，列为租赁资产支出科目。
6. 技术转让或使用收入是指出资方将专利或专有技术转让或允许该项目使用所获得的收入。
7. 表中科目应根据项目具体情况进行调整。

表11 利润与利润分配表

人民币单位：万元

序号	项 目	合计	计 算 期					
			1	2	3	4	……	n
1	营业收入							
2	营业税金及附加							
3	总成本费用							
4	补贴收入							
5	利润总额（1－2－3＋4）							
6	弥补以前年度亏损							
7	应纳税所得额（5－6）							
8	所得税							
9	净利润（5－8）							
10	期初未分配利润							
11	可供分配的利润（9＋10）							
12	提取法定盈余公积金							
13	可供投资者分配的利润（11－12）							
14	应付优先股股利							
15	提取任意盈余公积金							
16	应付普通股股利（13－14－15）							
17	投资各方利润分配：							
	其中：××方							
	××方							
18	未分配利润（13－14－15－17）							
19	息税前利润（利润总额＋利息支出）							
20	息税折旧摊销前利润（息税前利润＋折旧＋摊销）							

注：1. 对于外商投资项目，由第11项减去储备基金、职工奖励与福利基金和企业发展基金后，得出可供投资者分配的利润。

2. 法定盈余公积金按净利润计提。

表 12 财务计划现金流量表

人民币单位：万元

序号	项　　目	合计	计　算　期					
			1	2	3	4	……	*n*
1	经营活动净现金流量（1.1－1.2）							
1.1	现金流入							
1.1.1	营业收入							
1.1.2	增值税销项税额							
1.1.3	补贴收入							
1.1.4	其他流入							
1.2	现金流出							
1.2.1	经营成本							
1.2.2	增值税进项税额							
1.2.3	营业税金及附加							
1.2.4	增值税							
1.2.5	所得税							
1.2.6	其他流出							
2	投资活动净现金流量（2.1－2.2）							
2.1	现金流入							
2.2	现金流出							
2.2.1	建设投资							
2.2.2	维持运营投资							
2.2.3	流动资金							
2.2.4	其他流出							
3	筹资活动净现金流量（3.1－3.2）							
3.1	现金流入							
3.1.1	项目资本金投入							
3.1.2	建设投资借款							
3.1.3	流动资金借款							
3.1.4	债券							
3.1.5	短期借款							
3.1.6	其他流入							
3.2	现金流出							
3.2.1	各种利息支出							
3.2.2	偿还债务本金							
3.2.3	应付利润（股利分配）							
3.2.4	其他流出							
4	净现金流量（1＋2＋3）							
5	累计盈余资金							

注：1. 对于新设法人项目，本表投资活动的现金流入为零。

2. 对于既有法人项目，可适当增加科目。

3. 必要时，现金流出中可增加应付优先股股利科目。

4. 对外商投资项目，应将职工奖励与福利基金作为经营活动现金流出。

表13　资产负债表

人民币单位：万元

序号	项　　目	计　算　期					
		1	2	3	4	……	n
1	资产						
1.1	流动资产总额						
1.1.1	货币资金						
1.1.2	应收账款						
1.1.3	预付账款						
1.1.4	存货						
1.1.5	其他						
1.2	在建工程						
1.3	固定资产净值						
1.4	无形及其他资产净值						
2	负债及所有者权益（2.4+2.5）						
2.1	流动负债总额						
2.1.1	短期借款						
2.1.2	应付账款						
2.1.3	预收账款						
2.1.4	其他						
2.2	建设投资借款						
2.3	流动资金借款						
2.4	负债小计（2.1+2.2+2.3）						
2.5	所有者权益						
2.5.1	资本金						
2.5.2	资本公积						
2.5.3	累计盈余公积金						
2.5.4	累计未分配利润						
计算指标： 资产负债率（%）							

注：1. 对外商投资项目，第2.5.3项改为累计储备基金和企业发展基金。

2. 对既有法人项目，一般只针对法人编制，可按需要增加科目，此时表中资本金是指企业全部实收资本，包括原有和新增的实收资本。必要时，也可针对“有项目”范围编制。此时表中资本金仅指“有项目”范围的对应数值。

3. 货币资金包括现金和累计盈余资金。

表 14 借款还本付息计划表

人民币单位：万元

序号	项　目	合计	计　算　期					
			1	2	3	4	……	n
1	借款 1							
1.1	期初借款余额							
1.2	当期还本付息							
	其中：还本							
	付息							
1.3	期末借款余额							
2	借款 2							
2.1	期初借款余额							
2.2	当期还本付息							
	其中：还本							
	付息							
2.3	期末借款余额							
3	债券							
3.1	期初债务余额							
3.2	当期还本付息							
	其中：还本							
	付息							
3.3	期末债务余额							
4	借款和债券合计							
4.1	期初余额							
4.2	当期还本付息							
	其中：还本							
	付息							
4.3	期末余额							
计算指标： 利息备付率（%） 偿债备付率（%）								

注：1. 本表直接适用于新设法人项目，如有多种借款或债券，必要时应分别列出。

2. 对于既有法人项目，在按“有项目”范围进行计算时，可根据需要增加项目范围内原有借款的还本付息计算；在计算企业层次的还本付息时，可根据需要增加项目范围外借款的还本付息计算；当简化直接进行项目层次新增借款还本付息计算时，可直接按新增数据进行计算。

3. 本表可另加流动资金借款的还本付息计算。

4. 本表与“建设期利息估算表”（表 2）可二表合一。

表 15　项目投资经济费用效益流量表

人民币单位：万元

序号	项　目	合计	计　算　期					
			1	2	3	4	……	n
1	效益流量							
1.1	项目直接效益							
1.2	资产余值回收							
1.3	项目间接效益							
2	费用流量							
2.1	建设投资							
2.2	维持运营投资							
2.3	流动资金							
2.4	经营费用							
2.5	项目间接费用							
3	净效益流量（1－2）							

计算指标：

经济内部收益率（%）

经济净现值（i_s =%）

表 16　经济费用效益分析投资费用估算调整表

人民币单位：万元

序号	项目	财务分析			经济费用效益分析			经济费用效益分析比财务分析增减
		外币	人民币	合计	外币	人民币	合计	
1	建设投资							
1.1	建筑工程费							
1.2	安装工程费							
1.3	设备购置费							
1.4	其他费用							
1.4.1	其中：土地费用							
1.4.2	专利及专有技术费							
1.5	基本预备费							
1.6	涨价预备费							
1.7	建设期利息							
2	流动资金							
	合计（1+2）							

注：若投资费用是通过直接估算得到的，本表应略去财务分析的相关栏目。

表 17　经济费用效益分析经营费用估算调整表

人民币单位：万元

序号	项目	单位	投入量	财务分析		经济费用效益分析	
				单价（元）	成本	单价（元）	费用
1	外购原材料						
1.1	原材料 A						
1.2	原材料 B						
1.3	原材料 C						
	……						
2	外购燃料及动力						
2.1	煤						
2.2	水						
2.3	电						
	……						
3	职工薪酬						
4	修理费						
5	其他费用						
	合计						

注：若经营费用是通过直接估算得到的，本表应略去财务分析的相关栏目。

表 18　项目直接效益估算调整表

人民币单位：万元

产出名称			投产第一年负荷（%）				投产第二年负荷（%）				……	正常生产年份（%）			
			A 产品	B 产品	……	小计	A 产品	B 产品	……	小计		A 产品	B 产品	……	小计
年产出量	计算单位														
	国内														
	国际														
	合计														
财务分析	国内市场	单价（元）													
		现金收入													
	国际市场	单价（美元）													
		现金收入													
经济费用效益分析	国内市场	单价（元）													
		直接效益													
	国际市场	单价（美元）													
		直接效益													
合计（万元）															

注：若直接效益是通过直接估算得到的，本表应略去财务分析的相关栏目。

表 19　项目间接费用估算表

人民币单位：万元

序号	项　　目	合计	计　算　期					
			1	2	3	4	……	n

表 20　项目间接效益估算表

人民币单位：万元

序号	项　　目	合计	计　算　期					
			1	2	3	4	……	n

表 21　敏感性分析表

变化率 / 变化因素	－30%	－20%	－10%	0%	＋10%	＋20%	＋30%
基准折现率 i_c							
建设投资							
销售价格							
原材料成本							
汇率							
……							

表 22　敏感度系数和临界点分析表

序号	不确定因素	变化率（%）	内部收益率	敏感度系数	临界点（%）	临界值
	基本方案					
1	产品产量（生产负荷）					
2	产品价格					
3	主要原材料价格					
4	建设投资					
5	汇率					
	……					

表 23　方案比选中经济评价指标的应用范围表

指　标 / 用　途	净　现　值	内部收益率
方案比选（互斥方案选优）	无资金限制时，可选择 *NPV* 较大者	一般不直接用，可计算差额投资内部收益率（ΔIRR），当 $\Delta IRR \geqslant i_c$（i_s）时，以投资较大方案为优
项目排队（独立项目按优劣排序的最优组合）	不单独使用	一般不采用（可用于排除项目）

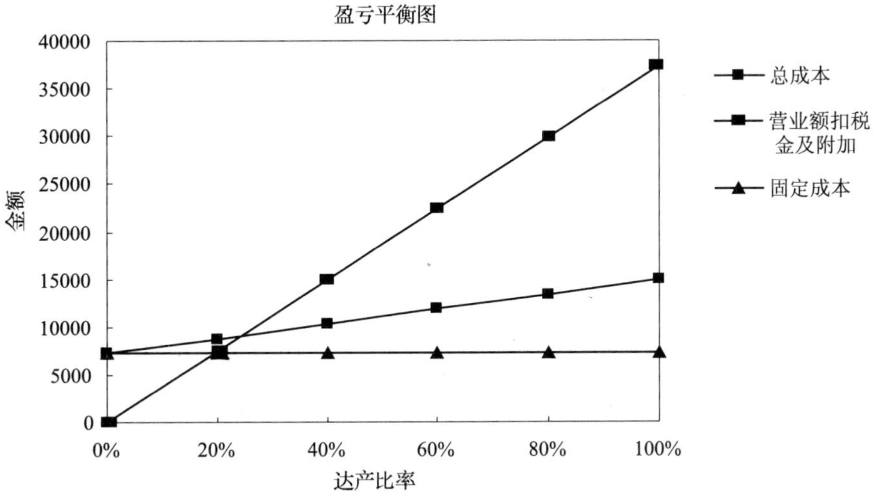

图 1　盈亏平衡分析图（生产能力利用率）

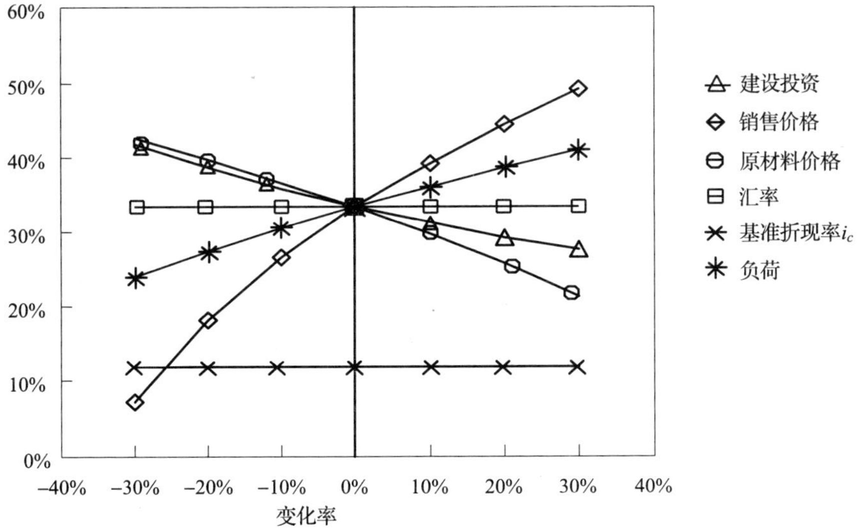

图 2　敏感性分析图

供 水 篇

1 总　　则

1.1 编制目的和依据

为了规范城市供水项目经济评价，提高经济评价的质量和项目决策的科学化、规范化水平，根据2006年国家发展和改革委员会、建设部发布的《方法与参数》（第三版），在《市政项目方法与参数（综合篇）》基础上，制定《市政项目方法与参数（供水篇）》。

1.2 适用范围

本篇主要适用于城市大、中型供水项目可行性研究中的经济评价。规划、机会研究、项目建议书阶段，采用的基础数据、评价指标可适当简化。中间评价、后评价、城镇小型供水项目和专项供水项目的经济评价，可参照使用。

1.3 项目特点

城市供水系统是由相互联系的一系列构筑物和输配水管网组成，通过从水源取水，按照用户对水质的要求进行处理，然后将水输送到供水区，并向用户配水。其工程内容一般包括取水构筑物、水处理构筑物、泵站、输水管渠和管网以及调节构筑物等。

供水项目属市政项目分类中第二种类型，有收费机制，具有潜在的盈利能力，在收费水平不能满足投资回收和补偿运营成本时，可通过政府适当补贴或优惠政策维持运营。

1.4 评价内容与侧重点

供水项目经济评价主要包括财务分析、经济费用效益分析、不确定性分析与风险分析。

供水项目经济评价应以财务生存能力分析为重点，在国家现行财税制度和价格体系条件下，计算项目的财务效益和费用，分析项目的生存能力、偿债能力和潜在的盈利能力，评价项目在财务上的可行性。

在财务分析结论能够满足投资决策要求的情况下，可以根据政府主管部门或投资方的要求，确定是否需要做经济费用效益分析。

对于特大型跨区域供水项目，应进行风险分析。

1.5 评价原则

供水项目经济评价，应在保证客观、科学、公正的基础上，遵循有无对比、效益与费用计算口径一致、风险与收益权衡，定量分析与定性分析相结合、以定量分析为主，动态分析与静态分析结合、以动态分析为主的原则。

1.6 计算期

项目计算期包括建设期和运营期。建设期应参照项目建设的合理工期或项目的建设进度计划合理确定；运营期一般可采用20年。

1.7 新建项目与改扩建项目的界定方法

对于大城市和老城市的供水项目，如果既有企业以往资料的可得性和可靠性问题难以解决，项目单元可按新建项目简化处理；如果可以获得既有企业的资产及运营资料，也可以按改扩建项目处理。

对于新建水厂和管网，按新建项目进行经济评价；对于在原有水厂基础上增加（或改造）部分设备能力或技术改造，按改扩建项目进行经济评价。

1.8 评价参数

用于经济费用效益分析的社会折现率、影子汇率换算系数和影子工资换算系数，采用国家有关部门规定的数值；用于财务分析的基准收益率、基准投资回收期等行业参数，可参考本篇给出的数值；其他参数由评价人员根据项目的具体情况自行测定。

1.9 本篇与综合篇配套使用

2 财 务 分 析

2.1 需求分析

2.1.1 需求量预测

供水项目需求量是指城市目标服务区内预期消费的水量，它是根据城市的水资源状况、城市人口、城市用水状况、城市性质和规模、产业结构、城市经济发展水平、居民生活水平以及再生水回用率等因素确定。在项目建议书和可行性研究报告中专有章节论述用水量和拟建项目的建设规模，一般在经济评价中可参照使用。

2.1.2 供水价格测算

城市供水一般由取水系统、输水系统、净水系统和配水系统构成，现行水价综合考虑了这些系统的投资、运行成本、资金筹措、消费者支付意愿和支付能力等因素，单个供水项目只是整个城市供水网络中的一部分，项目价格因素的构成、范围等均与现行价格有所不同，在财务分析中原则上应采用项目预期财务价格。项目预期财务价格是指能保证项目投资与运营成本全额回收并略有盈余时项目产出应当实现的价格。项目预期财务价格只针对项目本身，对于项目范围之外（如城市现有设施等）是无效的。

1. 项目预期财务价格测算原则。项目预期财务价格的测算应遵循补偿成本、保本微利、节约用水、公平负担的原则。

2. 项目预期财务价格的测算方法。供水项目的预期财务价格测算一般采用成本定价法或合理收益定价法，采用平均成本定价法，利润率一般可按拟建项目所要求达到的利润水平或参照当地已有供水企业的利润水平确定；采用合理收益定价法，通过设定的基准收益率来倒推价格，保障项目在合理收益率条件下，具有财务生存能力和偿债能力。

2.2 营业收入估算

城市供水项目的产品是指供水企业将原水进行必要的净化、消毒处理，使水质符合国家规定的标准后供给用户的管道商品水（自来水）。城市供水项目的营业收入主要是指商品水的营业收入，即销售水量与水价之乘积。

城市供水项目的销售水量是在供水项目的出厂水量基础上，扣除输配水管道漏失量及不收费水量之后，直接提供给居民、工业、行政事业、服务业等用户的水量。

2.3 费用估算

2.3.1 投资估算

1. 建设投资。建设项目总投资包括建设投资、建设期利息和流动资金之和。具体概念及内容详见综合篇 2.4 条。

供水项目投资估算采用的依据和达到的深度应符合国家现行有关规定的要求。

工程费用应依据国家有关部委和项目所在地造价管理部门所颁布的供水项目投资估算指标和概、预算定额等相关文件编制。

工程建设其他费用，应依据国家有关部委或项目所在地的有关规定编制。

2. 流动资金。流动资金是指运营期内长期占用并周转使用的营运资金，可采用扩大指标估算法或分项详细估算法。供水项目一般可参照同类企业的相关指标，按下列方法进行估算：

（1）按年产值（或年营业收入）估算：

$$流动资金 = 年产值（或年营业收入）\times 流动资金占用率 \qquad (2.3.1-1)$$

式中，流动资金占用率可由同类企业百元产值（或营业收入）中流动资金占用额确定。

（2）按年经营成本的周转天数估算：

$$流动资金 = （年经营成本/360）\times 流动资金周转天数 \qquad (2.3.1-2)$$

对于改扩建项目，流动资金周转天数可参考原有企业的数据；对新建项目，流动资金周转天数可参照供水规模类似的可比项目取值。当缺少相关资料时，流动资金的周转天数可按 90 天估算。

当项目投资方有要求时可采用分项详细估算法。

3. 建设期利息。建设期利息的概念及计算方法详见综合篇 2.4.4。

2.3.2 成本费用估算

1. 固定资产折旧计算方法。计算折旧的要素是固定资产原值、使用期限（或预计产量）和固定资产净残值。在供水项目经济评价中，固定资产折旧一般采用年限平均法计算，厂站项目综合折旧年限可为 20 ~ 22 年，其他项目综合折旧年限可适当延长，固定资产净残值可为 3% ~5%。当项目投资方有特定要求时，也可采用分类折旧计算法。

2. 无形资产与其他资产的摊销。供水工程的无形资产与其他资产按规定期限分期摊销；没有规定期限的，无形资产按不超过 10 年、其他资产不短于 5 年分期平均摊销。

3. 年修理费计算。根据近几年供水行业的统计资料分析和供水行业修理费的平均数据，经测算年修理费为固定资产原值（不含建设期利息）的 2% ~2.5%。

4. 成本费用估算：

（1）总成本费用。为方便经济评价的成本核算，供水项目的总成本费用采用生产要素估算法进行估算，具体内容包括水资源费、原水费、原材料费、动力费、职工薪酬、固定资产折旧费、摊销费、修理费、其他费用和财务费用。

1）水资源费或原水费 E_1。指供水企业利用水资源或获取原水的费用，一般按各地有关部门的规定计算。其计算式为

$$E_1 = 365Qk_1e/k_2 \tag{2.3.2-1}$$

式中 Q——最高日供水量（m^3/d）；

k_1——考虑水厂自用水的水量增加系数；

k_2——日变化系数；

e——水资源费费率或原水单价（元/m^3）。

2）动力费 E_2。可根据设备功率和设备运行时间计算，或近似按总扬程计算。动力费计算式为：

$$E_2 = 1.05\frac{QHD}{\eta k_2} \tag{2.3.2-2}$$

式中 H——工作全扬程，包括一级泵房、二级泵房及增压泵房的全部扬程（m）；

D——电费单价〔元/（kW·h）〕；

η——水泵和电动机的效率，一般采用70%～80%。

根据电力部门的规定，受电变压器容量不足315kV·A者，采用一部制电价；受电变压器容量等于或大于315kV·A者，采用两部制电价。

一部制电价制电费计算公式如下：

电费=电度电费

电度电费=运行耗电量×综合电费单价

两部制电价制电费计算公式如下：

电费=基本电费+电度电费

基本电费=用户用电容量×基本电价（元/kV·A·月）×12月

电度电费=运行耗电量（kW·h/年）×电度电价（元/kW·h）

式中，用户用电容量按变压器容量或最大需量（kV·A）计算。最大需量是指客户在一个电费结算周期内，每单位时间用电平均负荷的最大值。

3）原材料费 E_3。指制水过程中所耗用的各种药剂费用，包括净水材料（如活性炭）、混凝剂、助凝剂和消毒剂等，其计算公式为：

$$E_3 = \frac{365Qk_1}{k_2 \times 10^6}(a_1b_1 + a_2b_2 + a_3b_3 + \cdots) \tag{2.3.2-3}$$

式中 a_1、a_2、a_3——各种药剂（包括混凝剂、助凝剂、消毒剂等）的平均投加量（mg/L）；

b_1、b_2、b_3——各种药剂的相应单价（元/t）。

4）职工薪酬 E_4。指企业在一定时间内，支付给职工的劳动报酬总额，包括工资、奖金、津贴和福利等，计算公式为：

$$E_4 = \text{职工每人每年的平均职工薪酬} \times \text{职工定员} \tag{2.3.2-4}$$

5）固定资产折旧费 E_5。计算公式为：

$$E_5 = \text{固定资产原值} \times \text{综合折旧率} \tag{2.3.2-5}$$

6）修理费 E_6。计算公式为：

$$E_6 = \text{固定资产原值(不含建设期利息)} \times \text{修理费率} \qquad (2.3.2-6)$$

7）无形资产和其他资产摊销费 E_7。计算公式为：

$$E_7 = \text{无形资产和其他资产值} \times \text{年摊销率} \qquad (2.3.2-7)$$

8）其他费用 E_8。包括管理和销售部门的办公费、取暖费、租赁费、差旅费、研究试验费、会议费、成本中列支的税金（如房产税、车船使用税等），以及其他不属于以上项目的支出等。

其他费用可按以上1）～7）项总和的一定比率计算。根据有关资料，其比率一般可取8%～12%，计算公式为：

$$E_8 = (E_1 + E_2 + E_3 + E_4 + E_5 + E_6 + E_7) \times (8\% \sim 12\%) \qquad (2.3.2-8)$$

9）财务费用 E_9。指为筹集与占用资金而发生的各项费用，包括在生产经营期应归还的长期借款利息、短期借款利息和流动资金借款利息、汇兑净损失以及相关的手续费等。

10）年总成本 YC。计算公式为：

$$YC = \sum_{j=1}^{9} E_j \qquad (2.3.2-9)$$

式中 E_j——为上述1）～9）项费用之和。

11）单位制水成本 AC。计算公式为：

$$AC = \frac{YC}{\sum Q} \qquad (2.3.2-10)$$

$$\sum Q = \frac{365Q}{k_2} \qquad (2.3.2-11)$$

式中 $\sum Q$——全年制水量。

（2）经营成本。其内容和概念详见综合篇2.4.2，计算公式为：

经营成本＝水资源费（或原水费）＋动力费＋原材料费

＋职工薪酬＋修理费＋其他费用 (2.3.2－12)

（3）固定成本和可变成本。固定成本和可变成本的内容和概念详见综合篇2.4.7，计算公式为：

可变成本＝水资源费（或原水费）＋动力费＋原材料费 (2.3.2－13)

固定成本＝职工薪酬＋折旧费＋修理费＋摊销费＋财务费用＋其他费用

(2.3.2－14)

（4）成本费用估算的几点说明：

1）与净水厂等一起管理的长距离原水输水项目，在计算水资源费或原水费时，应考虑管道漏损率。

2）供水项目的设计规模是按照最高日供水量确定。

3）在计算原材料费时，应考虑水厂自用水水量增加系数。

4）当城市供水项目中包括排泥水处理时，在成本费用计算时应增加排泥水处理和污泥处置费用。

5）不同企业的管理水平不同，其他费用计取比率可根据企业具体情况确定。改扩建项目可适当降低其比率。

2.3.3 税金估算

根据国家相关部门规定，城市供水项目应依法缴纳增值税、城市维护建设税、教育费附加、企业所得税和地方性税费。

1．增值税。根据现行税法规定，自来水适用增值税低税率为6%，按简易办法依照6%征收率计算缴纳增值税，即：

$$增值税应纳税额＝营业额×征收率 \quad (2.3.3-1)$$

当城市供水项目采用含（增值）税价格计算营业收入和原材料、燃料动力成本时，现金流量表、利润和利润分配表以及财务计划现金流量表中应单列增值税科目。

2．城市维护建设税。城市维护建设税实行地区差别比例税率，以缴纳的增值税的税额为依据征收。

$$城市维护建设税＝增值税×适用税率 \quad (2.3.3-2)$$

3．教育费附加。

$$教育费附加＝增值税×适用税率 \quad (2.3.3-3)$$

教育费附加税率一般为3%。如项目所在地有相关规定，按地方规定的税率计算。

4．所得税。

$$所得税＝应纳税所得额×所得税率 \quad (2.3.3-4)$$

$$应纳税所得额（利润总额）＝收入总额－准予扣除项目金额 \quad (2.3.3-5)$$

准予扣除项目金额为纳税人在取得收入过程中发生的与收入有关的成本、费用、税金和损失。对于所得税前利润不足以弥补以往年度亏损，可在五年内用所得税前利润延续弥补；延续五年未弥补的亏损，用缴纳所得税后的利润弥补。

按照国家规定所得税税率为25%，对于国家或地方有减免规定的情况，按相关规定执行。

2.4　资金来源与融资方案

供水项目的资金来源与融资方案，详见综合篇“3　资金来源与融资方案”。

2.5　财务效益与费用估算报表

供水项目的财务效益与费用估算报表，详见综合篇2.5。

2.6　财务分析

财务分析是从城市供水新设法人或承担项目融资责任的、财务上自负盈亏、自主经营的既有法人角度出发，在现行国家财务税收制度、市场价格体系、建设项目的设计服务能力和预计的营运模式等条件下，评价建设项目的生存能力、偿债能力和盈利能力。

根据不同决策的需要，财务分析可进行融资前分析和（或）融资后分析。详见综合篇4.2。

2.6.1　财务分析指标

财务分析指标是为评价项目财务经济效果而设定，是财务分析结果的直观判断依据。财务分析指标以项目投资财务内部收益率（*FIRR*）、财务净现值（*FNPV*）和项目资本金财务内部收益率为财务盈利能力分析的主要评价指标；以利息备付率、偿债备付率和资产负债率为偿债能力分析的主要评价指标。

2.6.2　财务分析报表

供水项目的财务分析报表详见综合篇4.7。

3 经济费用效益分析

3.1 经济费用效益分析的作用

经济费用效益分析应从资源合理配置的角度，分析项目投资的经济效率和对社会福利所做的贡献，评价项目的经济合理性。

3.2 经济效益估算

供水项目的经济效益包括直接效益和间接效益。

3.2.1 直接效益

供水项目的直接效益是指由项目本身产生，由其产出物提供，并用影子价格计算的产出物的经济价值，即用影子价格计算的水费收入。供水项目的经济效益，根据所收集的资料不同，可采用以下方法计算；若同时采用以下两种或两种以上方法计算，以最接近实际的计算结果为准。

1. 等效替代法。按建设次优等效替代工程（扩建或开发新水源，采取节水措施等）所需的年折算费用计算。在费用计算时，应采用同样的计算标准，以求真实反映客观的经济效益。

2. 分摊系数法。根据水在工业生产中的地位，以工业净产值乘分摊系数计算。在缺水地区也可用因缺水使工业生产遭受的损失计算。

供水效益的“分摊系数”可有两种含义，一是指供水效益与工业净产值的比值；另一是指供水效益与工业生产的净收益（或税利）的比值。

3. 缺水损失法。按因缺水使工业生产或其他部门停产或减产所造成的损失计算，这一方法主要用于水资源缺乏又无合理替代措施的地区。

4. 影子水价法。在项目业主提供了该地区影子水价的情况下，直接按项目供水量乘影子水价计算。如影子价格中已体现了项目的某些外部费用和效益，则在计算间接费用和间接效益时，不得重复计算该费用和效益。

3.2.2 间接效益

间接效益是指由项目引起而在直接效益中未得到反映的那部分效益。如由于环境条件的改善而减少疾病，增进健康，提高城市卫生水平，从而提高社会劳动生产率，降低医疗费用；对于旅游城市，由于城市环境的改善，使旅游收入提高，带动经济增长，促进产业升级、增加产值及利润等。

间接效益的计算，可以通过有关成本费用的信息，采用替代成本法、预防性支出法、转换成本法、机会成本法和意愿调查评估法等有效的计算方法，间接估算项目外部影响产生的效益。

3.2.3 供水项目的经济效益估算应注意的问题

1. 反映水文现象的随机性。如水文资料允许，水位、流速和流量等应尽可能采用长时间系列或其中某一代表期进行计算。

2. 考虑国民经济发展，效益相应发生的变化。一般应根据该地区的经济发展情况，按预测的经济增长率估算供水项目经济计算期内的经济效益。

3. 考虑工程效益的转移和可能的负面影响。如由于修建新的工程使原有效益受到影响而又不能采取措施加以补救时，应将这部分损失作为项目的经济费用。

4. 适应工程项目范围。如供水项目中取水工程和净水厂规模不同时，应分别计算其相应的效益。对经济计算期内各年的效益，还要考虑相应配套水平和效益的增长过程。

5. 考虑管网扩大服务范围，各阶段效益的增长。

3.3 经济费用估算

城市供水项目的经济费用包括直接费用和间接费用。

3.3.1 直接费用

供水项目的直接费用是指为满足项目投入（包括建设投资、流动资金及项目运行期间的经营成本）的需要，全社会为之付出的代价。这些投入用影子价格计算的经济价值即为项目的直接费用，其内容包括：

1. 用于项目的固定资产投入费用。

2. 用于项目的流动资金。

3. 合理寿命期中的经营成本费用。

3.3.2 间接费用

间接费用是指社会为项目付出了、在项目的直接费用中未得到反映的那部分代价，如使其他部门遭受的损失、对环境的影响等。

供水项目的间接费用主要考虑非受益群体用水的机会成本和耗减补偿。机会成本是指变更城市供水水源的原有用途所造成的损失，如农业用水调配用于满足城市用水需求而减少的农业效益。水的耗减补偿是指当水资源为地下水，且地下水的自然再生或蓄水层的补给低于项目消费使用时，会出现耗减现象。为使蓄水层恢复原有储备会引发显著增加的费用（如回灌），在经济费用效益分析中，对水进行合理估价时必须计入相应的耗减补偿。

3.4 在调整财务分析的基础上进行经济分析

3.4.1 建设投资调整

1. 调整范围。剔除属于国民经济内部转移支付的部分，如引进设备材料关税和增值税。

2. 调整引进设备价值。包括调整汇率和国内运输费用、贸易费用。

3. 安装费用的调整。供水项目安装费用占投资比例相对较小，一般可不考虑调整，如果使用引进的安装材料，则考虑采用影子汇率所引起的数值调整。

4. 调整建筑费用。对于建筑工程投入的人工、材料及电力等，用影子工资和相应的影子价格进行调整。

5. 土地费用按项目占用土地的机会成本和新增资源消耗两方面计算。

6. 其他调整，如其他工程费用中的外币，采用影子汇率而引起的数值变化。

完成上述调整之后，将调整后的各项数值列入固定资产投资估算表。

3.4.2 流动资金的调整

如果在财务分析中流动资金采用详细估算法，应将流动资产和流动负债中不反映实际资源耗费的有关现金、应收账款、应付账款、预收账款和预付账款，从流动资金中剔除。

如果流动资金是采用扩大指标法估算的，则经济费用效益分析中的流动资金可按调整后的营业收入或经营成本乘以相应的比率进行调整。

3.4.3 经营成本的调整

1. 确定主要原材料及燃料、动力的影子价格，用影子价格重新计算该项成本。

2. 确定工资换算系数，计算影子工资。

3.5 转移支付

转移支付是指资源在各经济部门之间流动，这种流动对整体经济而言并没有发生资源的增加和减少。主要包括：土地使用税、进口关税、城市维护建设税及教育费附加、所得税、国家给企业的各种形式的补贴等。

3.6 经济费用效益分析报表和指标

1. 经济费用效益分析报表。供水项目经济费用效益分析基本报表和辅助报表详见综合篇5.6。

2. 经济费用效益分析指标。城市供水项目经济费用效益分析以社会折现率作为主要的判定指标。根据项目特点和实际需要，可计算经济净现值（$ENPV$）、经济内部收益率（$EIRR$）和经济效益费用比（R_{BC}）等指标。

4 不确定性分析与风险分析

4.1 不确定性分析与风险分析的作用和内容

项目经济评价所采用的数据，大部分来自预测和估算，有一定程度的不确定性。为了分析不确定因素对经济评价指标的影响，需进行不确定性分析，以预测项目可能承担的风险，确定项目在财务、经济上的可靠性。

不确定性分析包括盈亏平衡分析和敏感性分析。盈亏平衡分析只适用于财务分析，敏感性分析可同时用于财务分析和经济费用效益分析。

4.2 盈亏平衡分析

1. 盈亏平衡分析是通过计算盈亏平衡点（BEP，即项目的盈利与亏损的转折点，在该点处，营业收入等于生产成本，项目刚好盈亏平衡），分析拟建项目对市场需求变化的适应能力。盈亏平衡点越低，表明项目盈利的可能性越大，抗风险能力越强。

2. 盈亏平衡点可根据正常生产年份的售水量、可变成本、固定成本、售水价格和营业税金等数据计算，用生产能力利用率、产量等表示。供水项目的盈亏平衡分析通常采用生产能力利用率和产量表示的盈亏平衡点。其计算公式为：

$$BEP_{\text{生产能力利用率}} = \frac{\text{年固定总成本}}{\text{年营业收入} - \text{年可变总成本} - \text{年营业税金及附加}} \times 100\% \qquad (4.2-1)$$

$$BEP_{产量} = \frac{年固定总成本}{单位水量价格 - 单位水量可变成本 - 单位水量营业税金及附加}$$

(4.2 - 2)

或 $$BEP_{产量} = 设计生产能力 \times BEP_{生产能力利用率} \quad (4.2-3)$$

3. 盈亏平衡图。在横坐标表示产量或生产能力利用率（%），纵坐标表示营业收入和总成本费用（包括固定成本和可变成本）的坐标系中，画出收益与成本曲线，求出其交点，此交点即为盈亏平衡点，然后据此进行盈亏平衡分析。若附有盈亏平衡图，将更为直观，便于理解。

4.3 敏感性分析

1. 敏感性分析是通过分析、预测项目主要投入产出因素发生变化时对经济评价指标的影响，通过计算敏感度系数和临界点，找出敏感因素，并确定其影响程度。可能发生变化的因素有生产负荷、产品价格、主要原材料或动力价格、可变成本、建设投资、建设工期及汇率等。

2. 敏感性分析的计算结果，可采用敏感性分析表和敏感性分析图表示，也可采用敏感度系数和临界点表示，详见综合篇“7 不确定性分析与风险分析”。

3. 在供水项目经济评价中，通常采用单因素敏感性分析，变动因素通常为售水价格、经营成本和建设投资。

4. 各主要参数或指标的浮动幅度，应根据各项工程的具体情况确定，也可参照以下数据选定：

（1）建设投资：±10% - ±20%；

（2）售水价格：±10% - ±20%；

（3）年经营成本：±10% - ±20%。

4.4 风险分析

供水项目的风险是指在项目建设和运营的过程中由于存在一些不确定性因素导致项目偏离预期功能和效果的各种可能性。

风险分析是一项综合性分析，应在各技术专业做出风险因素识别、风险估计、风险防范措施的基础上，对各个风险因素最后导致的经济后果做出经济风险评价，给出经济结论和规避经济风险的对策。

4.4.1 风险因素识别

1. 市场风险。供水项目的市场风险是指市场需求，规划建设用户规模、种类等情况与实际情况的偏差较大，达不到预期供水负荷。

2. 工程建设风险。供水项目的工程建设风险是指不能正常建成、建设工期延长、建设内容发生重大变化、建设投资增加以及达不到预期能力等。

3. 融资风险。供水项目的融资风险是指资金不能及时到位的风险，利率、汇率变动风险及其他融资条件发生重大变化造成的损失。

4. 经营风险。供水项目的经营风险又称商业风险，是指由于外部经营环境的变化，如经济的不景气、通货膨胀等因素造成的风险，如生产成本风险，因干旱季节、水体污染等造成水源供水不足、管网运行过程中出现风险等。

5. 自然灾害风险。供水项目的自然灾害风险是指如风灾、水灾和地震等自然灾害对项目运营等产生的影响。

6. 政策风险。供水项目的政策风险是指如水价、税收等政策改变对项目的影响。

7. 其他风险。供水项目的其他风险是指项目在前期研究、论证审批、工程设计、施工建设、运营等各环节可能遇到的其他各种风险，包括能源政策、法律环境、投资建设环境等各种风险。

4.4.2 防范与降低风险对策

防范和降低风险的对策主要有风险规避、风险转移及风险控制等方法。对重大的风险因素一般可采用风险规避的方式，如采用方案变更等手段规避有重大风险因素的方案；对可以转移的风险因素，采用风险转移的方式转移风险，如引进工程保险；对一般的风险因素可以采用风险控制的方式，如引进施工监理，进行工程招投标等手段可有效降低工程投资增加的风险。

5 方案经济比选

5.1 方案经济比选的作用

方案经济比选是寻求合理的技术经济方案的必要手段，也是项目经济评价的重要组成部分。在项目可行性研究过程中，各项工程的技术经济选择（如总体布局、水源选择、取水及输水方式、厂址选择、工艺流程、厂区布置、主要构筑物及设备选型、配水管网及布置，以及相应的技术经济指标、造价等）均应根据实际情况提出各种可能的方案进行筛选，对筛选出的方案进行动态的经济计算，结合其他因素详细论证比较，做出抉择。

在方案经济比较中，还应考虑外部收益和外部费用。

5.2 方案经济比选的要点

1. 方案比选应根据经济费用效益分析结果确定。在与经济费用效益分析结果不发生矛盾的情况下，也可根据财务分析结果确定。

2. 参与比较各方案的研究深度、价格水平等应具有可比性，其分析计算原则和方法应协调一致。

3. 方案比较可按各个方案所含全部因素的全部费用、效益进行，也可仅就各个方案所含不同因素的相对费用、效益进行。

4. 方案比较时，可视项目的具体条件和资金情况，采用不同的比选方法。

5.3 方案经济比选的方法

在供水项目中，常用的方案经济比选方法可分为两类：

1. 按照不同方案所含的全部因素（包括效益和费用两个方面）进行方案比较，且不受资金约束时，一般可采用差额投资内部收益率法、净现值法或年值法。

2. 效益相同或效益基本相同但难以具体估算的方案进行比较时，为简化计算，可以采用费用效果分析方法，比较费用现值或费用年值，按最小费用原则选取。

各备选方案计算期相同时，可直接选用以上方法进行方案比较。计算期不同的方案进行比较时，宜采用年值法或年费用比较法。如果要采用净现值法、差额投资内部收益率法、费用现值比较法或最低价格法，则需先对各备选方案的计算期和计算公式作适当处理（以诸方案计算期的最小公倍数或诸方案中最短的计算期作为比较方案的计算期）后再进行比较。比选方案计算期一般可按20年计算。

6　改扩建项目经济评价方法

6.1　供水改扩建项目经济评价的要点

供水改扩建项目经济评价除应遵循一般新建供水项目经济评价的原则和基本方法外，还应注意以下几点：

1. 进行供水改扩建项目经济评价，应根据分析需要，认真搜集现状技术经济资料和数据，并分析无该项目时的有关资料和数据。

2. 供水改扩建项目的财务分析和经济费用效益分析都应采用有、无该项目的增量费用和增量效益进行。必要时，也可采用包括现有工程设施的总费用和总效益进行。

3. 对改扩建与生产运行同时进行的供水项目，其停、减产造成的损失可在改扩建期内各年的效益和运行费中反映，不必单独列项计算。

4. 供水改扩建项目的增量效益，应分析现有工程设施不进行改扩建情况下其效益可能发生变化的趋势，合理计算。

现有工程设施的资产如变卖，其净价值应作为项目的效益。

6.2　供水改扩建项目经济评价报表和评价指标

供水改扩建项目经济评价报表和评价指标详见综合篇“9　市政改扩建项目经济评价”。

7　评　价　参　数

7.1　经济费用效益分析参数

用于经济费用效益分析的社会折现率、影子汇率换算系数和影子工资换算系数等参数，采用国家有关部门规定的数值。

7.2　财务分析参数

1. 财务基准收益率。在现阶段，供水行业财务基准收益率（融资前税前）的参考值为6%。

2. 其他参数。流动资金估算周转次数、固定资产折旧率、修理费率、无形资产及其他资产摊销率等，其测定方法及数值详见本篇“2　财务分析”相关内容。

项目基础资料

基础资料是经济评价的基础，应结合工程的特点，有目的地进行搜集。搜集地域范围应包括工程所在地区和工程修建后可能受到有利和不利影响的地区。

1. 项目所在地社会经济资料

（1）当地的经济状况及发展计划。

（2）当地年度国内生产总值、人均总产值、人均国民收入、预算内财政收入、税收、企业职工月平均工资等。

（3）城市规模和基础设施状况的分布。

2. 资金筹措及使用计划

（1）资金来源、分年度使用计划及贷款的情况。

（2）项目资本金筹措计划及分年度使用计划。

（3）贷款的来源、贷款总额度、年度使用计划、汇率、年利率、有关手续费、贷款的宽限期、偿还期及还款的有关要求。

（4）项目的建设期、生产运营期及投产计划。

3. 建设项目经济资料

（1）概、估算编制的依据和主要定额指标。

（2）设计标准、供水量、工业用水量占总用水量的比例、万元工业产值的用水量、工业用水重复利用率、用水情况和节水情况等。

（3）各种管道、建筑材料和给水专业设备的价格，包括国家制订的现行价格、国际市场价格以及国内市场价格等。

（4）年运行和有关支出费用资料，包括：有关部门对动力费、维修费、管理费等年运行费的规定，类似工程实际支付的年运行费和盈亏情况。

（5）有关的财会制度，企业目前缴纳的税种税率、折旧费率等规定。

（6）有关部门关于经济分析和财务分析的规定和参考资料。

4. 工程效益计算资料

（1）工程修建后受影响地区的有关工业产品和农业作物的产量和产值、土地价值、单位用地面积实现的产值和利税等。

（2）其他为计算城镇供水项目效益所需的经济、财务指标资料。

5. 对搜集的资料，应按照经济计算的要求，系统地进行整理和分析。对有疑问的资料，应进行核实或进一步补充调查。重要的经济指标，应对其可能的误差做出估计。

6. 使用历史社会经济资料时，应注意不同时期的经济发展、人民生活水平提高及人口自然增长等因素。其有关的经济数据，还应考虑价格变化，尽可能地按某一年份的不变价格进行换算，使其具有可比的统一基础。

排　水　篇

1 总　　则

1.1　编制目的和依据

为了规范城市排水项目经济评价，提高项目经济评价的质量和项目决策的科学化、规范化水平，根据《方法与参数》（第三版），在《市政项目方法与参数（综合篇）》基础上，制定《市政项目方法与参数（排水篇）》。

1.2　适用范围

本篇主要适用于城市大、中型排水项目可行性研究中的经济评价。规划、机会研究、项目建议书阶段采用的基础数据、评价指标可适当简化。中间评价、后评价以及城镇小型排水项目可参照使用。

1.3　项目特点

1. 排水项目包括污水项目、雨水项目和城市防洪项目。污水项目一般由污水管渠系统、泵站、污水处理厂、污水再生利用系统、尾水排放系统等构成；雨水项目一般由雨水管渠系统、泵站等构成；城市防洪项目一般由水库、堤防、防洪闸等构成。

2. 城市排水是政府向居民提供的公益性公共服务，政府是排水行业的投资主体。雨水项目和城市防洪项目，目前仍然全部由政府投资建设、运营和管理，属于市政项目分类中的第三种类型。污水项目现阶段投资渠道呈多元化，其投资和经营管理模式通常可分为三种：一是仍然全部由政府负责投资建设、运营和管理，采用这种模式的项目属于市政第三类项目；二是由政府特定的国有企业投资建设并负责运行和管理，以收取污水处理费和政府适当补贴来回收投资和维持运营，实现保本微利，采用这种模式的项目属于市政第二类项目；三是采用特许经营模式，这种项目属于市政第一类项目。

3. 污水再生利用是国家循环经济发展的重点，目前主要用于农田灌溉、景观用水、工业用水和市政杂用水。本篇中污水再生利用项目是指市政集中污水处理并再生利用的项目，不包括住宅小区配套建设的小型污水再生利用项目。

4. 雨水收集处理和利用项目目前在缺水地区发展较快，主要用于地下水回灌、浇灌绿地、景观用水等，其收费机制尚未确定。本篇中雨水收集处理和利用项目是指由政府投资建设的独立雨水利用设施，不包括住宅小区配套建设的小型雨水收集处理和利用项目。

1.4　评价内容

排水项目经济评价包括财务分析、经济费用效益分析、费用效果分析、不确定性分析、风险分析和方案经济比选等。

污水项目财务分析的内容及重点应根据其所属项目类型确定；雨水项目和城市防洪项目财务分析主要进行财务生存能力分析，即经费预算平衡和经常性费用的筹措分析。

有条件的大型排水项目应进行费用效果分析和经济费用效益分析。

1.5 判定原则

排水项目有显著的环境、生态、资源、社会和经济外部效果，有着明显认定的经济可行性。通过对项目的费用效果分析，从技术上可行的方案中选择费用最小方案可以提高效率，保证经济上最佳的选择。财务分析应针对最低成本方案进行。一般项目财务分析结论可行的应予通过；财务分析结论不可行的项目，应重新考虑财务方案，向政府提出行之有效的措施建议，使项目具备财务生存能力。

对于同时要进行财务分析和经济费用效益分析的项目，财务分析结论和经济费用效益分析结论均应作为项目决策的依据。

1.6 价格体系

财务分析投入采用以市场价格体系为基础的预测价格；产出（服务）的价格采用项目预期财务价格（收费标准）。在建设期内，一般应考虑投入物的相对价格变动及价格总水平变动。在运营期内，若能合理判断未来市场价格变动趋势，投入物与产出物可采用相对变动价格；若难以确定投入物与产出物的价格变动，一般可采用项目运营期初的价格；有要求时，也可考虑价格总水平的变动。

经济费用效益分析采用影子价格，在计算期内各年均不考虑物价总水平上涨因素。

1.7 计算期

计算期包括建设期和运营期，建设期根据项目实际情况确定。鉴于排水项目构、建筑物所占比例较大，形成的固定资产折旧年限较长，经济评价中运营期一般可按 20 年考虑。

当贷款偿还期有特殊要求（长于计算期）时，可将预定的贷款偿还期作为还贷计算期。

采用特许权经营模式的排水项目，应以特许权合同规定的特许期为计算期。

1.8 评价参数

用于经济费用效益分析的社会折现率、影子汇率换算系数和影子工资换算系数，采用国家有关部门规定的数值；用于财务分析的基准收益率、基准投资回收期等行业参数，可参考本篇给出的数值；其他参数可由评价人员根据项目的具体情况自行测定。

1.9 新建项目与改扩建项目的界定方法

以新设法人为财务主体立项建设的排水项目，按新建项目进行经济评价。

以既有法人为财务主体立项建设的排水项目，如果从建设、运营和管理上都能分离开来，界限相对清楚，并且既有企业以往资料的可得性和可靠性问题难以解决，可按新建项目的方法简化处理；如果是在原有项目基础上更换或者增加设备、构（建）筑物等，用以提高水处理级别或扩大规模，则应按改扩建项目进行经济评价。

1.10 本篇与综合篇配套使用

2 财务分析

2.1 排水项目的财务效益与费用

排水项目的财务效益主要表现为项目实施所获得的营业收入和可能获得的各种补贴收入。财务支出的费用主要表现为建设投资、建设期利息、流动资金、成本费用和税金等。财务效益和费用的范围应遵循计算口径对应一致的原则。

2.2 需求分析

2.2.1 需求分析内容

排水项目经济评价需求预测的内容包括项目建设规模、项目运营期内各年可达到的规模、收费标准（价格）、实际能收取费用的水量、再生水回用规模及价格、材料、人工、设备、日常经营和维护用的投入物价格等。

2.2.2 需求量预测

排水项目的建设规模应根据城市供水和排水现状、城市性质、城市发展总体规划和排水规划确定。同时还要充分考虑雨、污水接管率。

污水项目实际能收取费用的水量预测要结合当地收费模式、自来水普及率等因素进行。

污水再生利用规模预测，要考虑当地水资源状况、消费者使用意愿、再生水管网状况、政府政策、生产经营成本以及当地经济发展水平等因素。

需求量预测的过程较为复杂，在项目建议书和可行性研究报告中有专门章节详细分析和测算，并由此确定项目的设计规模。项目经济评价可以其为依据，但在进行财务效益和费用估算前，应对相关数据和方法进行分析和确认。

2.2.3 预期收费标准预测

政府投资且由非盈利机构管理的排水项目收费标准，应在维持项目日常运行和维护成本的基础上进行测算。

由政府特定的国有企业投资的污水项目预期收费标准，应按保本微利的原则测算。

采用特许经营模式的污水项目的预期收费标准，应在综合考虑行业基准收益率、投资方期望投资回报率、政府补贴和优惠政策等因素的基础上进行测算。

污水再生利用项目的预期财务价格，要考虑当地自来水价格、消费者使用意愿、政府政策、生产经营成本等因素进行测算。

项目预期收费标准的测算原则和方法详见综合篇 2.2.2。

2.3 费用估算

2.3.1 项目总投资

排水项目总投资包括建设投资、建设期利息和流动资金。

根据国务院的规定，在向有关部门申报项目时，应另行估算固定资产投资和铺底流动资金之和。

2.3.2 建设投资

建设投资由工程费用（建筑工程费、设备和工器具购置费、安装工程费）、工程建设其他费用和预备费（基本预备费和涨价预备费）组成。建设投资的估算方法应符合国家有关规定。

2.3.3 建设期利息

建设期利息是指筹措债务资金时，在建设期内发生的，并按规定计入项目总投资的资本化利息。如果项目在建设期享受政府贴息的优惠政策，从投资方角度分析时，应将这些贴息冲减建设期利息支出。

2.3.4 流动资金

流动资金的估算应结合各专业项目产出及运营模式的特点进行。排水项目通常采用分项详细估算法，也可采用扩大指标估算法。

1. 采用分项详细估算法。分项详细估算法的方法及内容详见综合篇2.4.3。

排水项目的在产品生产周期极短，相应的周转次数极大，可不计该项费用；排水项目的产成品为直接排放的尾水或直接投入使用的再生水，无需库存或库存时间（中水池中停留时间）极短，亦可不计该项费用。

现金、应收账款和应付账款的周转次数推荐采用6～12次，存货（外购原材料、燃料费）的周转次数推荐采用4～6次。排水项目可不考虑预付账款和预收账款。

2. 采用扩大指标估算法。排水项目流动资金可按3个月的经营成本估算。

2.3.5 总投资形成的资产

总投资应按有关规定分别形成固定资产原值、无形资产原值、其他资产原值和流动资产。

形成资产的划分原则详见综合篇2.4.6。

2.3.6 投资使用计划

建设投资在项目建设期根据筹款情况和工程实施进度安排使用。流动资金在项目运营期根据生产负荷投入。

2.3.7 总成本费用

总成本费用是指在运营期内为生产产品或提供服务所发生的全部费用。排水项目总成本费用估算一般采用生产要素估算法，计算公式为：

总成本费用＝外购原材料、燃料及动力费＋职工薪酬＋折旧费＋摊销费＋修理费＋财务费用＋尾水、尾气、污泥处置费用＋其他费用　　(2.3.7－1)

1. 外购原材料费。主要指药剂费用。污水处理过程中必须投加处理剂，如聚丙烯酰胺、氯、矾、石灰等。

药剂费用为各种药剂投加量与该种药剂单价的乘积之和，按年计算。计算公式为：

$$年药剂费 = a_1 b_1 + a_2 b_2 + \cdots + a_n b_n \qquad (2.3.7-2)$$

式中　a_1，$a_2 \cdots a_n$——各种药剂的年投加量（t）；

b_1，$b_2 \cdots n_n$——对应的各种药剂的单价（元/t）。

2. 外购燃料及动力费。主要是电力费用，需要冬季供暖的地区还应包括冬季供暖费（指城市集中供暖费或项目自备非电力供暖所需的燃料费用）。

根据电力部门的规定，按受电用户的电压等级和性质，可实行一部制电价，也可实行两部制电价，依项目所在地的具体规定取用。

一部制电价是指根据电度电价和耗电量计算电力费用，电费计算公式为：

$$电费 = 电度电费 \quad (2.3.7-3)$$

两部制电价则包括基本电价和电度电价，电费计算公式为：

$$电费 = 电度电费 + 基本电费 \quad (2.3.7-4)$$

$$基本电费 = 用户用电容量 \times 基本电价(元/kV \cdot A \cdot 年) \quad (2.3.7-5)$$

$$电度电费 = 运行期间耗电量(kW \cdot h/年) \times 电度电价(元/kW \cdot h) \quad (2.3.7-6)$$

式中，用户用电容量是指高压电机容量（视在功率）、常用变压器容量、热备用变压器容量之和或最大需量（kV·A）。最大需量是指用户在一个电费结算周期内，每单位时间用电平均负荷的最大值。

冬季供暖费用根据项目所在地年供暖时间、供暖方式、需供暖的生产性建筑物范围及当地的相关费用指标确定。

3. 职工薪酬。其计算公式为：

$$职工薪酬 = 职工定员（人）\times 年人均职工薪酬（元/人 \cdot 年） \quad (2.3.7-7)$$

4. 固定资产折旧。决定固定资产折旧的主要因素有：固定资产原值、固定资产使用年限、固定资产净残值率。

排水项目经济评价中，固定资产一般应按税法明确规定的分类折旧年限计算折旧费，也可采用综合折旧年限法计算折旧费。固定资产净残值率可为3%～5%。采用特许经营模式的项目，应结合特许权协议确定固定资产净残值率。

5. 无形资产和其他资产摊销费。无形资产和其他资产原值及摊销费的估算详见综合篇2.4.7。排水项目无形资产按不少于10年摊销，其他资产按不少于5年摊销。也可简化计算，取平均摊销年限为10年，即年摊销费率为10%。计算公式为：

$$无形资产摊销费 = 无形资产 \times 摊销费率 \quad (2.3.7-8)$$

$$其他资产摊销费 = 其他资产 \times 摊销费率 \quad (2.3.7-9)$$

6. 修理费。修理费是指为保持固定资产的正常运转和使用，充分发挥使用效能，对其进行必要修理所发生的费用，按修理范围的大小和修理时间间隔的长短可以分为大修理和中小修理。排水项目固定资产修理费率取2%～3%。计算公式为：

$$修理费 = 固定资产原值 \times 修理费率 \quad (2.3.7-10)$$

计算修理费的固定资产原值中应扣除所含的建设期利息。

7. 尾水、尾气、污泥处置费用。污水处理厂尾水排放、污泥处置、沼气排放等的接纳系统若需要收取费用时，应按有关部门的规定计取相关费用。

8. 其他费用。其他费用包括其他制造费用、其他管理费用和其他营业费用三项费用，指由制造费用、管理费用和营业费用中分别扣除工资及福利费、折旧费、摊销费、修理费以后的其余部分，一般以上述成本费用1至7项之和为基数，按照一定的费率提取。排水项目其他费用综合费率取8%～12%。计算公式为：

其他费用 =（外购原材料费用 + 外购燃料及动力费用 + 职工薪酬 + 折旧费用 + 无形资产及其他资产摊销费用 + 修理费用 + 尾水、尾气、污泥处置费用）×综合费率　　(2.3.7-11)

9. 财务费用。财务费用是指企业为生产经营所筹集和占用资金而发生的费用，包括利息支出、汇兑损失以及相关的手续费等。利息的估算包括长期借款利息、流动资金借款利息和短期借款利息三部分。利息的计算方法详见综合篇2.4.7。

10. 总成本估算中应注意的问题：

（1）年折旧额满足折旧末年的净残值外，应提足为止。

（2）总成本应逐年计算，根据年折旧额、摊销额和运营期间年利息的变化情况，成本会有所变化。

（3）应注意原材料、燃料、动力价格和工资等的变化趋势。

（4）在计算总成本费用时，要注意原材料、燃料、动力等消耗只计算外购部分，不计算自产自用部分，以免重复。

2.3.8 经营成本

经营成本概念详见综合篇2.4.2。其计算公式为：

经营成本 = 外购原材料、燃料及动力费用 + 职工薪酬 + 修理费用 + 尾水、尾气、污泥处置费用 + 其他费用　　(2.3.8)

2.3.9 固定成本和可变成本

固定成本 = 职工薪酬 + 固定资产折旧费用 + 无形资产及其他资产摊销费用 + 修理费用 + 其他费用 + 财务费用　　(2.3.9-1)

可变成本 = 外购原材料、燃料及动力费用 + 尾水、尾气、污泥处置费用　　(2.3.9-2)

2.3.10 税费

排水项目涉及的税费主要为关税、增值税、营业税、所得税、城市维护建设税和教育费附加等。应根据相关税法、国家和地方的相关政策选用适宜的税种和税率。如有减免税优惠，应说明依据及减免方式并按相关规定估算。

2.3.11 维持运营投资

维持运营投资的估算和处理详见综合篇2.4.9。

2.4 效益估算

2.4.1 营业收入

排水项目的营业收入是指项目提供污水处理、雨水收集利用、城市防洪服务所获得的收入，以及提供再生水、污泥、沼气等综合利用产品所获得的收入。

在已实行污水处理收费的城市，污水处理费一般是按城市供水范围内用户使用的自来水量征收。因污水处理项目的建设规模与城市供水规模通常不匹配，所以财务分析中的收入应以污水处理项目建设规模为计量依据。污水项目的其他收入主要是指再生水、污泥、沼气等综合利用收入。

污水项目营业收入计算公式为：

营业收入 = 污水处理费收入 + 其他收入　　(2.4.1)

式中　污水处理费收入 = 处理污水水量 × 项目预期收费标准；

　　　其他收入为再生水、污泥、沼气等综合利用收入。

2.4.2　补贴收入

我国污水处理费的征收正在起步阶段，大多数地方污水处理费收费不到位，需要政府给予补贴和提供税费方面的优惠政策。城市雨水项目和城市防洪项目没有营业收入，完全靠政府拨款以维持正常运行。

补贴收入应按当地政府规定的补贴标准计算。

2.5　财务效益与费用估算报表

财务效益和费用估算报表详见综合篇 2.5。

2.6　资金来源与融资方案

排水项目建设资金按来源渠道分为项目资本金（权益资金）和债务资金。为了保证项目能够顺利实施，降低资金使用成本，提高权益投资者的投资回报率，应对融资方案资金来源的可靠性、资金结构的合理性、融资成本高低和融资风险大小等进行综合分析，结合融资后财务分析，比选确定融资方案，编制分年度投资使用计划与资金筹措表。详见综合篇“2　财务效益与费用估算”和“3　资金来源与融资方案”相关内容。

2.7　财务分析

2.7.1　财务分析主要内容

财务分析应在项目财务效益与费用估算的基础上进行，通过编制财务报表，计算财务指标，分析项目的盈利能力、偿债能力和财务生存能力，判断项目的财务可接受性，明确项目对财务主体及投资者的价值贡献，为项目决策提供依据。

2.7.2　财务分析步骤

根据不同决策的需要，财务分析包括融资前分析和融资后分析。一般宜先进行融资前分析，在融资前分析结论满足要求的情况下，初步设定融资方案，再进行融资后分析。

2.8　排水项目的财务分析

排水项目财务分析的内容、方法、原则、分析指标和财务报表详见综合篇“4　财务分析”。

3　经济费用效益分析

3.1　排水项目经济费用效益分析特点

排水项目的经济效益有些能够货币化，而绝大部分难以货币化，能够货币化的应进行经济费用效益分析，不能货币化但能量化的应进行费用效果分析，不能量化的应进行定性描述。

3.2 经济费用和效益的识别

1. 污水项目。

（1）直接费用：

1）用于项目的建设投资。

2）用于项目的流动资金。

3）项目运行期间的经营成本费用。

（2）间接费用。可不考虑间接费用。

（3）直接效益：

1）污泥、沼气利用收入。

2）有污水再生利用系统的污水处理项目所获得的出售再生水的收益。

3）减少水体污染（属于不易货币化的直接效益）。

（4）间接效益：

1）减少水质污染对工业产品质量的影响。

2）减少农业灌溉用水水体的污染。

3）减少水质污染对水产养殖业造成的经济损失。

4）减少自来水厂药剂等运营费用和水源改造工程费用。

5）减少疾病，增进健康，提高社会劳动生产率，降低医疗费用。

6）提高城市卫生水平，改善城市环境，增加旅游收入。

7）改善投资环境，吸引外来资金，促进地区经济发展。

8）节约水资源。

9）其他间接效益。

2. 雨水项目和城市防洪项目。

（1）直接费用：

1）用于项目的建设投资。

2）用于项目的流动资金。

3）合理寿命期内的运行成本费用。

（2）间接费用。可不考虑间接费用。

（3）直接效益：

1）减轻保护区内农、林、副、渔等各类用地的损失。

2）减轻保护区内国家、企业和个人的房屋、设施、物资等财产损失。

3）减少防汛、抢险费用。

4）减少工矿停产、商业停业、交通中断等的损失。

（4）间接效益：

1）由于工程的兴建，形成新的旅游景点而带来的旅游效益。

2）减少因洪灾带来的疾病，提高社会劳动生产率，降低医疗费用。

3）改善投资环境，吸引外来资金，促进地区经济发展。

4）其他间接效益。

3.3 直接计算经济费用和经济效益

利用货物影子价格、影子工资、影子汇率及土地影子价格等参数，直接计算项目的建设投资、流动资金、经营成本等经济费用，以及直接经济效益和间接经济效益。

3.4 在财务分析基础上进行经济费用效益分析

在财务分析基础上进行经济费用效益分析，应将财务现金流量调整为经济效益与费用流量。

3.4.1 污水项目

1. 直接费用。

（1）建设投资：

1）引进设备材料购置费用：在财务评价引进设备材料购置费用的基础上，剔除引进设备材料关税、增值税等属于国民经济内部转移支付的部分，再用影子汇率（或影子汇率换算系数）进行调整。其计算公式为：

$$\text{引进设备材料购置费用} = \text{到岸价(外币)} \times \text{影子汇率} \times (1 + \text{贸易费用率}) + \text{国内运输费用} \quad (3.4.1-1)$$

2）国内设备购置费用：采用影子价格调整设备本身的价值。

3）建筑工程费用：对于建筑工程投入的人工、材料、电力等，用影子工资和相应的影子价格进行调整。

4）安装工程费用：根据安装工程所消耗的人工、材料及机械台班等用影子价格进行调整。

5）土地费用：以土地的影子费用代替实际发生的土地费用。

6）与项目建设有关的其他费用：随计算基础的变动而作相应调整。

7）与项目未来生产经营有关的费用：可不作调整。

8）基本预备费：随计算基础的变动而作相应调整。

9）涨价预备费：剔除该项费用。

（2）流动资金。根据流动资金估算基础的变动而作相应调整。

（3）经营成本。用货物的影子价格对药剂费、动力费等进行调整，用影子工资对职工薪酬进行调整（应注意两者的口径范围保持一致），修理费及其他费用等则随计算基础的变动而作相应调整。

2. 直接效益。

（1）污泥、沼气利用收入：可不作调整。

（2）污水再生利用收益：可不作调整。

3. 间接效益。

（1）减少水质污染对工业产品质量的影响，可根据受损程度变化测算受污染影响系数，再计算减少损失的效益：

$$\text{减少工业损失} = \text{受益地区工业总产值} \times \text{受污染影响系数} \quad (3.4.1-2)$$

（2）减少农业灌溉用水水体的污染：

$$\text{减少农业损失} = \text{受益地区农田面积} \times \text{单位面积避免损失产值} \quad (3.4.1-3)$$

(3) 减少养殖业损失：

$$减少养殖业损失 = 受益养殖面积 \times 单位面积避免损失产值 \quad (3.4.1-4)$$

(4) 节约水资源效益：

$$节约水资源效益 = 再生水回用量 \times 受益地区因缺水而造成的损失（元/m^3） \quad (3.4.1-5)$$

3.4.2 雨水项目和城市防洪项目

1. 直接费用。

(1) 建设投资：与污水项目建设投资的调整方法相同。

(2) 流动资金：根据流动资金估算基础的变动而作相应调整。

(3) 运行成本：用货物的影子价格对动力费等进行调整；用影子工资对工资进行调整；修理费及其他费用等则随计算基础的变动而作相应的调整。

2. 直接效益。根据雨水项目和城市防洪项目的设防标准，选择所能抵御的灾害程度，再根据统计资料，参用类似年份洪水所造成的各项损失，并相应进行修正，计算多年平均洪水损失，即为有项目后的效益。

3. 间接效益。可根据类似已建典型项目调查资料，按其相当于直接效益的比例计算。

3.5 经济费用效益分析指标

对于经济效益和费用能够货币化的排水项目，应采用经济费用效益分析方法，分析计算项目的各项经济费用效益分析指标。详见综合篇5.3。

3.6 定性分析

排水项目是城市重要的基础设施，具有显著的外部效益，其中很多无法量化，对无法量化的经济效益应进行定性描述。详见综合篇5.5。

3.7 经济费用效益分析报表

排水项目经济费用效益分析报表详见综合篇5.6。

4 费用效果分析

4.1 排水项目费用效果分析特点

费用效果分析中的费用是为项目所付出的财务代价或经济代价，采用货币计量；效果是项目的结果所起到的作用、效应或效能，是项目目标的实现程度。

排水项目的许多效益表现为无法（或难以）货币化的外部效果，可采用费用效果分析方法进行方案比选，亦可用经济费用效果分析取代经济费用效益分析。

4.2 排水项目费用与效果要素的识别

1. 排水项目的费用。排水项目的费用是指从建设投资开始到项目终结整个过程期限内所发生的全部费用，按费用现值计算或按费用年值计算。费用现值和费用年值的计算公式详见综合篇6.5。

2. 排水项目的效果。污水项目的效果主要表现为污水处理能力和再生水的产出能力。雨水项目和城市防洪项目的效果可以从以下几方面选取：

（1）项目服务区内的受益土地面积，以平方米、公顷等计量单位表示。

（2）项目服务区内的受益人口，以万人等计量单位表示。

（3）其他可以度量的项目目标实现程度的效果要素。

4.3 排水项目的费用效果分析

排水项目费用效果分析的原则、步骤、方法及指标详见综合篇“6 费用效果分析”。

5 不确定性分析与风险分析

5.1 不确定性分析

5.1.1 不确定性分析内容

项目经济评价所采用的数据大部分来自预测和估算，具有一定程度的不确定性。为分析不确定性因素变化对评价指标的影响，估计项目可能承担的风险和经济上的可靠性，需要进行不确定性分析。不确定性分析包括盈亏平衡分析和敏感性分析。

5.1.2 盈亏平衡分析

盈亏平衡分析是指通过计算项目达产年的盈亏平衡点（*BEP*），分析项目成本与收益的平衡关系，判断项目对产出品数量变化的适应能力和抗风险能力。盈亏平衡分析仅用于财务分析。

盈亏平衡点通过正常年份的产量或者销售量、可变成本、固定成本、产品价格和营业税金及附加等数据计算。正常年份最好选择还款期间的第一个达产年和还款后的年份分别计算，以便分别给出最高和最低的盈亏平衡点区间范围。

盈亏平衡点可采用公式计算，也可利用盈亏平衡图求取。当采用公式计算盈亏平衡点时，可采用生产能力利用率或产量表示。其计算公式为：

$$BEP_{\text{生产能力利用率}}=\frac{\text{年固定成本}}{(\text{年营业收入}-\text{年可变成本}-\text{年营业税金及附加})}\times 100\% \tag{5.1.2-1}$$

$$BEP_{\text{产量}}=\frac{\text{年固定总成本}}{(\text{单位产品价格}-\text{单位产品可变成本}-\text{单位产品营业税金及附加})} \tag{5.1.2-2}$$

当采用含增值税价格时，式中分母应扣除增值税。

盈亏平衡图是以横坐标表示产量或生产能力利用率（%），纵坐标表示营业收入和总成本费用（包括固定成本和可变成本），在此坐标系中画出收益与成本曲线，求出其交点，此交点即为盈亏平衡点，然后据此进行盈亏平衡分析。盈亏平衡图直观而便于理解。

5.1.3 敏感性分析

敏感性分析是指通过分析不确定性因素发生增减变化时，对财务或经济评价指标的影响，并计算敏感度系数和临界点，找出敏感因素。

敏感性分析包括单因素和多因素分析。单因素分析是指一个不确定性因素变化时对效益指标的影响程度；多因素分析是指两个及两个以上不确定性因素同时变化时对效益指标的影响程度。通常只进行单因素敏感性分析。

敏感性分析只是对那些可能对项目效益影响较大的重要的不确定因素进行分析。

排水项目不确定因素一般包括建设投资、收费标准（价格）、收费水量、经营成本等，也可根据项目的具体情况选择其他因素。

敏感性分析通常是针对不确定因素的不利变化进行，为绘制敏感性分析图的需要也可考虑不确定因素的有利变化。一般是选择不确定因素的百分数变化，习惯上选取 ±5%、±10%、±15%、±20%。

投资项目经济评价有一整套指标体系，敏感性分析可选定其中一个或几个主要指标进行。最基本的分析指标是内部收益率，根据项目的实际情况也可选择净现值或投资回收期评价指标，必要时可同时针对两个或两个以上的指标进行敏感性分析。通常财务评价敏感性分析中选用的分析指标是项目财务内部收益率。

敏感度系数（S_{AF}）和临界点（又称转换值）的定义和计算方法详见综合篇 7.3。

5.2 风险分析

5.2.1 风险分析与不确定性分析的区别与联系

经济风险分析是不确定性分析的补充和延伸，是指由于不确定性的存在导致项目实施后偏离预期财务和经济效益目标的可能性。经济风险分析通过识别风险因素，采用定性与定量相结合的方法估计各风险因素发生变化的可能性，以及这些变化对项目的影响程度，揭示影响项目的关键风险因素，提出项目风险的预警、预报和相应的对策。通过风险分析的信息反馈，改进或优化设计方案，降低项目风险。

5.2.2 排水项目的风险因素识别

1. 污水量风险。由于项目服务区内污水产生量或接管率的预测与实际情况偏差较大，导致污水处理厂进厂污水量达不到设计规模。

2. 进厂污水水质风险。由于进厂污水水质的预测与实际情况偏差较大，导致达不到预期的污水处理效果。

3. 雨水和洪水量预测及工程建设标准风险。由于对暴雨和洪水强度的预测与实际情况偏差较大，或者工程建设标准过高或者过低，导致投资浪费或者难以抵御洪涝灾害等。

4. 政策风险。实际污水处理收费价格或政府补贴达不到预期标准，导致项目失去财务生存能力。

5. 项目建设风险。建设工期长、建设内容发生重大变化、建设投资增加、建设质量达不到要求等。

6. 融资风险。资金来源与供应量、利率、汇率及其他融资条件发生变化等。

7. 经营风险。项目运营期投入的各种原料、材料、燃料、动力供给量与价格，以及协作单位不履行合同或者合同条件发生变化等带来的风险。

8. 自然灾害风险。地震、风灾、火灾、水灾等自然灾害带来的风险。

5.2.3 风险分析方法及内容

排水项目风险分析的方法及内容详见综合篇7.4。

6 方案经济比选

6.1 方案经济比选的作用

方案经济比选是寻求合理的经济和技术方案的必要手段，也是项目经济评价的重要内容，通过对若干备选方案的比较，选择最优方案。项目经济评价中一般对互斥方案和可转化为互斥型方案的方案进行比选。

6.2 备选方案应满足下列条件

1. 备选方案的整体功能应达到目标要求。

2. 备选方案的经济效率应达到可以被接受的水平。

3. 备选方案应具有可比性，效益和费用计算口径应一致，各方案所包含的范围和时间应一致，设计深度应一致。

6.3 方案经济比选的原则、内容和方法

排水项目方案经济比选的原则、内容和方法详见综合篇“8　方案经济比选”。

7 改扩建项目经济评价特点和评价原则

7.1 排水改扩建项目界定方法

排水改扩建项目的界定方法详见本篇1.9。

7.2 排水改扩建项目的特点

排水改扩建项目的特点详见综合篇9.1。

7.3 排水改扩建项目的经济评价

排水改扩建项目经济评价的原则、步骤、方法、应注意的问题及评价报表详见综合篇“9　市政改扩建项目经济评价”。

8 特许经营项目经济评价特点及注意事项

8.1 特许经营模式

特许经营包括BOT模式和BOT的变形模式（如BT模式、TOT模式、BOO模式等），目前污水项目中比较普遍采用的是BOT模式。BOT模式的含义是指国家或者地方政府部

门通过特许权协议，授予签约方承担公共性基础设施（基础产业）项目的融资、建造、经营和维护；在协议规定的特许期限内，项目公司拥有投资建造设施的所有权，允许向设施使用者收取适当的费用，由此回收项目投资、经营和维护成本并获得合理的回报；特许期满后，项目公司将设施无偿地移交给签约方的政府部门。

8.2 采用BOT模式建设的污水处理项目经济评价的特点

1. 采用BOT模式建设的污水处理项目在特许经营期间必须具备充足的现金流量，项目要有一定的盈利能力，保证项目投资人能够通过运营期间获得的现金流量收回投资并得到合理的投资回报。

2. 项目投资人在与政府签订特许经营协议时，有详尽的条款对产品或服务的价格及品质做出明确规定，并得到政府对项目的承诺和保证。从政府角度应着重从保底污水处理量的确定、政府资金的支付能力、税费减免政策的可操作性等方面进行分析。

3. 项目预期收费标准的测定一般采用反推法，即先设定一个期望收益率，通过财务分析报表试算或者采用近似简化计算公式计算，得出预期收费标准，并分析考察其实现的可能性。

4. 项目在特许期满后，项目公司将设施无偿地移交给签约方的政府部门，项目公司没有固定资产余值可回收，所以在项目现金流量分析中要作相应处理。

8.3 采用BOT模式的利益群体分析

1. 从投资方角度，财务分析需要关注以下方面：

（1）对政府提供的已经完成前期研究的项目，应对市场需求预测数据给予重点关注，必要时应重新复核，调整相关内容，并在调整数据的基础上进行评价。

（2）特许经营协议中规定的价格、补贴方式和其他政策手段能否使投资者的投资风险控制在预期的范围内等。

2. 从政府的角度考虑，污水项目是城市重要的基础设施，其特性决定了政府在该领域的主导作用。政府应在规划、政策、法制环境和监管方面发挥主导和推动作用。在经济评价中，政府要重点关注需求预测数据的可靠性、预期收费标准和投资回报的合理性，同时兼顾投资方利益和公众可承受能力。

8.4 BOT变形模式

在实际运作过程中，BOT还有许多变形模式，经济评价应根据项目具体情况作适当调整。

9 评价参数

9.1 经济费用效益分析参数

用于经济费用效益分析的社会折现率、影子汇率换算系数等，采用国家有关部门规定的数值。

9.2 财务分析参数

1. 财务基准收益率。污水项目的财务基准收益率（融资前税前）的参考值为5%。

污水项目财务分析参数是按现行财税价格条件，根据近几年来各地排水项目的统计数据及行业的综合统计资料，按统一方法估计测算，在取值时考虑国家产业政策、行业技术进步、资源配置、价格结构、银行利率等因素后综合研究测定。使用时应注意财税、价格等条件，当条件发生较大变化时，应作相应调整。

2. 其他参数。流动资金估算周转次数、固定资产折旧率、修理费率、无形资产及其他资产摊销率等，其测定方法及数值详见本篇“2　财务分析”相关内容。

附录

项目基础资料

1. 社会经济资料

（1）最新统计年鉴发布的项目所在地当前社会经济状况，城市发展规划，特别是给排水专业近远期规划。

（2）排水设施现状，污水处理普及率及收费标准，居民人均收入和支出，家庭污水处理费用支出等。

（3）供水设施现状，水资源情况、自来水普及率及自来水现行价格等。

（4）当地政府和居民对污水处理收费及模式的态度等。

2. 资金筹措渠道及财税制度

项目所在地当前排水设施费用来源及管理模式，可供选择的资金筹措渠道及条件，还贷方式；国家和地方的税收制度，纳税税种及税率，可用于城市排水建设项目的优惠政策；可接受的经营体制和相应的税收政策等。

3. 定额依据

当地现行的建筑、安装、市政工程（概）预算定额及其费用定额，投资估算编制依据；土地征购、土地临时租用、青苗赔偿、拆迁等补偿费用标准；有关建设单位管理费、监理费、培训费、办公和生活家具购置费、联合试运转费、预备费等其他费用的项目和取费标准等。

4. 工资标准、设备及材料价格

现行的工资标准、设备和材料的供应来源和价格；动力品种及价格，投加处理材料的品种及价格。

5. 同类企业经营资料

同类企业固定资产折旧率、大修理费用标准、无形资产摊销年限、动力及投加处理材料的耗用量资料等。

供　热　篇

1 总　　则

1.1 编制目的和依据

为规范城市供热项目经济评价方法，提高经济评价质量和项目决策的科学化、规范化水平，根据《方法与参数》（第三版）和《市政项目方法与参数（综合篇)》（以下简称“综合篇”），结合供热项目的特点，制定《市政项目方法与参数（供热篇)》。

1.2 适用范围

本篇适用于新建、改扩建和技术改造的供热项目（包括采暖供热项目、热电联产的厂外无热源项目、工业蒸汽供应项目、生活热水供应项目、集中式空调系统用热项目、以工业或民用可燃性废弃物为燃料的供热项目、采用热泵技术供热项目）的经济评价工作。

1.3 项目特征描述

供热项目由供热热源、热网、热用户三部分构成整体。

供热热源指将天然的或人造的能源形态转化为符合供热要求的热能装置，简称热源。热源用于热产品的生产制造，主要有锅炉房、热电厂等型式。热能通过热水和蒸汽两类载体输送。

热网指由热源向热用户输送和分配供热介质的管线系统。根据不同的工艺，热网分为直接连接供热系统和间接连接供热系统两种形式。直接连接供热系统的供热设施只包括供热管网，而间接连接供热系统由一级管网、热力站、二级管网等供热设施组成。

热用户指从供热系统获得热能的用热装置。热能的使用者或服务对象主要有采暖热用户、工业热用户等。

1.4 项目特点

供热项目的效益主要体现为社会效益、经济效益、环境效益、能源和资源的节约效益等方面，财务效益相对较低。在注重供热项目外部经济效益的同时，应充分考虑项目自身财务生存的需要，只有保证项目在持续稳定运营的前提下，才能使其社会、经济和环境方面的效益得以发挥。

供热项目建设周期短，运营期长，主要投入和产出物价格波动较为平缓、市场供需相对平衡，相对价格变化较为稳定，热产品属于政府定价，经营服务存在着一定的垄断性。

1.5 项目划分

供热项目基本属于市政项目分类中第一种类型，少数地区和项目处于第二种类型，未来随着经济发展和居民收入水平的提高，也将逐步向第一种类型过渡和转化。

供热项目按照不同的工艺特点和相应的生产经营方式可划分为两类：

第一类是指项目建成后能够利用自有热源、热网直接生产、输送和销售热产品的项目，此类项目简称为“热源项目”。

第二类是指项目建成后没有热源，不能直接生产热产品，而需要向热源单位购买热产品，再利用自有热网将热产品输送至热用户，转售热产品的项目，此类项目简称为“无热源项目”。

1.6 评价内容

供热项目经济评价包括财务分析、经济费用效益分析、费用效果分析、不确定性分析与风险分析和方案比选等。

项目财务分析结论能满足最终决策需要时，可不必再进行经济费用效益分析。项目财务分析不能够满足最终决策的需要，或政府主管部门与投资主体提出要求时，需进行经济费用效益分析。

1.7 评价原则

经济评价应在保证客观、科学、公正的基础上，遵循有无对比、效益与费用计算口径对应一致的原则，风险与收益权衡，定量分析与定性分析相结合、以定量为主，以及动态分析与静态分析相结合、以动态为主等原则。

1.8 评价结论

供热项目财务分析可行即可判定项目在经济上可接受；如项目财务分析不能满足最终决策的需要，则需要进行经济费用效益分析。如经济费用效益分析结论较佳，则应调整和优化设计方案，使项目具有财务生存能力。

1.9 价格体系

在进行财务分析时，计算期内各年投入的预测价格采用建设期末（运营期初）的市场价格，产出的预测价格原则上采用由政府制定的现行价格，当现行价格不足以补偿供热成本的时候，应依据成本变动预期，对现行价格进行相应调整。

经济费用效益分析使用的影子价格在计算期内均不考虑物价总水平上涨因素。

1.10 计算期

经济评价的计算期包括建设期和运营期。项目建设期依据实际情况确定；运营期根据供热项目主要生产设施的经济寿命综合确定，计算期原则上不宜超过 20 年。

采用特许经营模式的项目，以特许合同规定的特许期为计算期。

当借款偿还期有特殊要求时（如借款偿还期长于设定的运营期），可按借款偿还期确定运营期。

1.11 评价参数

用于经济费用效益分析的社会折现率、影子汇率换算系数等参数，采用国家相关部门发布的数值；用于财务分析的基准收益率、基准投资回收期等行业参数，可参考本篇给出的数值；其他参数可由项目评价人员结合项目具体情况测定。

1.12 本篇与综合篇配套使用

2 财务效益与费用估算

2.1 需求分析

需求分析包含需求量预测和价格预测两方面内容。

供热项目需求量（设计规模）预测依据城市总体规划、供热专项规划和现状热负荷以及发展热负荷确定。在项目供热负荷逐年递增的过程中，应注意现状热负荷与新增热负荷的发展速度，结合当地近几年热用户的发展情况以及新增热负荷的发展计划，合理确定发展速度和达产时间。对于生产性热负荷应合理确定不同热用户的年运行小时数，正确计算供热量。

进行供热项目财务分析时，热产品的预测价格原则上应采用评价时项目所在地的现行价格。对于当地无相应价格或采用现行价格计算的财务指标无法满足项目财务可行的要求时，应按综合篇规定的原则和测算方法计算项目预期财务价格，一般采用合理收益定价法计算，设定的收益率可以是投资方可接受的目标收益率或基准收益率。

财务分析可采用含增值税价格或不含增值税价格，若采用含增值税价格，应予说明，并调整相关报表。

2.2 效益估算

2.2.1 营业收入

供热项目营业收入包括采暖费收入和蒸汽、生活热水以及集中式空调系统用热等热产品的销售收入。计算营业收入时，假设热费收缴率能达到100%。

供热产生的灰渣等副产品的销售收入也应计入营业收入，如收入较低（年销售收入在万元以下）时，可忽略不计。

2.2.2 营业收入的计算

计算营业收入时，应区分热用户的性质及收费标准，准确计算营业收入总额。

根据目前国内热费收取方式和供热计量收费的发展方向，供热项目的营业收入可分为两类：

1. 按采暖面积和容量热价计算营业收入时：

$$\text{供热营业收入} = \sum \text{采暖面积} \times \text{容量热价} \tag{2.2.2-1}$$

2. 按供热量和计量热价计算营业收入时：

$$\text{供热营业收入} = \sum \text{销售热量} \times \text{计量热价} \tag{2.2.2-2}$$

$$\text{销售热量} = \text{供热量} \times (1 - \text{网损率}) \tag{2.2.2-3}$$

网损率由工艺专业根据专业规范以及采用的设备材料情况确定。

2.2.3 补贴收入

补贴收入的处理方法详见综合篇2.3.2。

2.3 费用估算

2.3.1 项目总投资

项目总投资由建设投资、建设期利息和项目建成投产后所需的流动资金组成。

2.3.2 资产划分

根据资产保全的原则和企业资产划分的有关规定，项目建成交付使用时，项目投入的全部资金分别形成固定资产、无形资产、其他资产和流动资产。供热项目总投资形成各类资产分别为：

固定资产主要包括建筑工程费、设备及工器具购置费、安装工程费、预备费、建设期贷款利息和应分摊的待摊投资。待摊投资包括工程建设其他费用中除应进入无形资产和其他资产以外的全部费用。室内采暖设施的所有权属于房屋产权的范围，因此不能作为供热项目的固定资产。

无形资产包括工程建设其他费用中的技术转让费或技术使用费、商标权、土地使用权、商誉等。

其他资产包括工程建设其他费用中的生产准备费。

流动资产包括现金、存货、应收及预付账款、待摊费用等。

2.3.3 投资估算

供热项目投资估算采用的依据和达到的深度应符合国家现行有关规定以及项目所在省、市、地区所颁布的相关文件的规定要求。具体内容及概念详见综合篇相关内容。

工程建设费用（第一部分费用）应依据国家有关部委颁布的投资估算方法及项目所在地定额管理部门发布的工程概、预算定额等相关造价文件编制。

工程建设其他费用（第二部分费用）依据国家有关部委以及项目所在省、市、地区所颁布的相关文件的规定要求计取，并应包括项目所涉及地方规定的收费项目，如城市道路挖掘恢复费、临时占道费、建筑垃圾清运处理费、贷款启动费和贷款手续费等费用。

2.3.4 利息计算

利息概念及计算方法详见综合篇2.4.4。

项目财务分析中，建设期贷款利息计入固定资产，经营期贷款利息计入财务费用。在项目建设与运营同期进行期间，当年项目建设用贷款所发生的利息作为建设期贷款利息，可以资本化；运营中所发生的利息（即固定资产投产后所产生的利息）计入当期财务费用。

2.3.5 流动资金估算

供热项目流动资金估算可采用分项详细估算法或扩大指标估算法。概念及内容详见综合篇2.4.3。采用分项详细估算法时，外购原材料、燃料费和外购动力费应调整为到厂价格（货物出厂价 + 进项税 + 运费）进行计算。

流动资金可从项目资本金和流动资金贷款两个渠道获得。流动资金贷款利息计入当期财务费用。

流动资金在项目投产的第一年开始按生产负荷安排投入，贷款利息按全年计算，计入财务费用，项目计算期末全部回收流动资金。

1. 分项详细估算法。应对构成流动资金的各项流动资产和流动负债分别进行估算。为简化计算，流动资产主要考虑应收账款、存货、现金；流动负债主要考虑应付账款。因为热能无法储存，所以供热项目无产成品和在产品，无热源项目无存货。具体计算方法详见综合篇。

应收账款、预付账款、应付账款和预收账款的周转次数推荐采用6次，现金的周转次数推荐采用12次，存货的周转次数推荐采用6次。

对于热电联产项目，热电厂与热网作为“项目群”整体评价时，可按热电厂的周转天数计算，也可以根据项目单位以往年度统计值计算。

2. 扩大指标估算法。流动资金可参照同类企业或项目单位往年流动资金占经营成本、总成本费用、销售收入或固定资产投资比例来确定。扩大指标估算法适用于项目建议书等阶段的简单估算。

2.3.6 总成本费用

供热项目的总成本费用按生产成本加期间费用估算：

总成本费用 = 生产成本 + 管理费用 + 财务费用 + 营业费用　　(2.3.6-1)

1. 生产成本：

(1) 外购燃料费或外购热能费。外购燃料费是指“热源项目”从外单位购进的各类固体、液体和气体燃料的总费用。

外购燃料费 = 外购燃料量 × 燃料价　　(2.3.6-2)

外购燃料量由工艺专业提供。

外购热能费是指“无热源项目”从热源单位购进热产品的费用。

外购热能费 = 外购热量 × 购热价　　(2.3.6-3)

外购热量由工艺专业提供。

(2) 水费。水费是指供热企业生产经营耗用的水费（不含污水处理费）。

水费 = 用水量 × 水价　　(2.3.6-4)

用水量 = 供热系统循环补充水量 + 公共用水量　　(2.3.6-5)

(3) 动力费。动力费是指供热企业从电力部门购进电能的费用。根据电力部门的规定，视受电用户的电压等级和性质，分别按一部电价制或两部电价制收费。

一部电价制电费计算公式如下：

电费 = 电度电费　　(2.3.6-6)

电度电费 = 运行耗电量（kW·h/年）×电度电价（元/kW·h）　　(2.3.6-7)

两部电价制电费计算公式如下：

电费 = 基本电费 + 电度电费　　(2.3.6-8)

基本电费 = 用户用电容量 × 基本电价（元/kV·A·月）×12月　　(2.3.6-9)

电度电费 = $\sum$分类运行耗电量（kW·h/年）×分类电度电价（元/kW·h）　　(2.3.6-10)

式中，用户用电容量按变压器容量或最大需量计算。最大需量是指客户在一个电费结算周期内，每单位时间用电平均负荷的最大值。

(4) 外购材料费。外购材料费是指热产品生产过程中所耗用的材料（含各种化学药品等）费用。

$$外购材料费 = \sum（各类材料用量 \times 材料单价） \quad (2.3.6-11)$$

（5）运输费。运输费是指运送燃料和材料的费用。

$$运输费 = \sum（燃料、材料用量 \times 运输单价） \quad (2.3.6-12)$$

（6）生产人员职工薪酬是指供热企业计入生产成本的职工薪酬。职工薪酬指企业为获得职工提供的服务而给予各种形式的报酬及其他相关支出。职工薪酬包括：工资、奖金、津贴、职工福利费、各类社会保险费用、住房公积金、工会经费、职工教育经费、未参加社会统筹的退休人员退休金和医疗费用以及辞退福利、带薪休假等其他与薪酬相关的支出。

$$生产人员职工薪酬 = 生产人员工资总额 + 职工福利费 + 社会保险费 + 住房公积金 + 工会经费 + 职工教育经费 \quad (2.3.6-13)$$

$$生产人员工资总额 = 生产职工人员数量 \times 人均年工资指标 \quad (2.3.6-14)$$

$$职工福利费 = 生产人员工资总额 \times 福利费费率 \quad (2.3.6-15)$$

$$社会保险费 = 生产人员工资总额 \times 各项保险费费率合计 \quad (2.3.6-16)$$

$$住房公积金 = 生产人员工资总额 \times 住房公积金单位缴存比率 \quad (2.3.6-17)$$

$$工会经费 = 生产人员工资总额 \times 工会经费计提费率 \quad (2.3.6-18)$$

$$职工教育经费 = 生产人员工资总额 \times 职工教育经费计提费率 \quad (2.3.6-19)$$

职工福利费按年职工工资总额的14%计取。

社会保险费主要包括养老保险费、失业保险、医疗保险等国家规定强制用人单位为职工缴纳的保险费。

住房公积金指根据国家规定用人单位需为职工缴纳的住房公积金。

工会经费、职工教育经费分别按年职工工资总额的2%和1.5%计提。

（7）折旧费。折旧费是指固定资产使用过程中，逐年损耗价值的补偿费。

供热项目固定资产折旧采用平均年限法。

$$年折旧率 = （1 - 净残值率） \div 折旧年限 \quad (2.3.6-20)$$

$$年折旧费用 = 固定资产原值 \times 折旧率 \quad (2.3.6-21)$$

净残值率为3% ~5%。

折旧费一般采用综合折旧计算方法，根据主要供热设施、设备的折旧期，确定综合折旧年限，综合折旧率根据综合折旧年限及净残值率计算。

折旧费的计算也可以采用分项明细法，区分固定资产类别，分别计算折旧费。

供热项目固定资产分类折旧年限见下表。

供热项目固定资产分类折旧年限

分类名称	年限（年）	分类名称	年限（年）
供热设备	20	架空供热管道	15
机械设备	14	直埋供热管道	20
动力、电气设备	20	地沟敷设供热管道	12
运输设备	12	生产用房	30
自动化、半自动化控制设备	12	非生产用房	35

（8）修理费。修理费是指用于固定资产的大修理费用及日常维护费用。

$$修理费=固定资产原值\times修理费率 \quad (2.3.6-22)$$

修理费率为1.2%～2.4%，可参考项目采用的设备材料情况和所在地供热企业实际运行情况确定。一般“无热源项目”修理费率取下限，“热源项目”修理费率取上限。

计算修理费可根据资产运行维护的情况，在运营期内分区段考虑修理费用的递增，反映随时间推移、设备磨损程度增加与修理费用逐渐增加的关系。简单处理可分时间区段考虑修理费率采用一组（不超过5个数据）递增数列，但时间区段的划分应匀称。

（9）其他制造费用。其他制造费用是指不属于以上各项制造费用而应计入的费用（包括租赁费、低值易耗品费、取暖费、办公费、差旅费、保险费、设计制图费、试验检验费、劳动保护费、季节性及修理期间的停工损失等）。

$$其他制造费用=1\sim8项生产成本费用之和\times其他制造费用率 \quad (2.3.6-23)$$

其他制造费用率是按其他制造费用在项目单位往年生产成本中所占比例确定，无参考依据时可按0.5%～1.5%计取。

项目租赁大宗设备和土地、公共设施等资产的大宗租赁费用，不应纳入其他制造费用率计算，而应在其他制造费用中以租赁费单独计算并体现。

2. 管理费用：

（1）公司经费包括企业行政管理部门人员职工薪酬、差旅费、办公费、折旧费、修理费、物料消耗、低值易耗品摊销等属于公司经费的费用。

$$公司经费=管理人员职工薪酬+企业行政管理人员总数\times人均年公司费用指标+折旧费+修理费 \quad (2.3.6-24)$$

当企业管理所占用的固定资产额较少，且较难在项目总投资中划分时，管理用固定资产的折旧费和修理费可在制造成本中计算。

$$管理人员职工薪酬=管理人员工资总额+职工福利费+社会保险费+住房公积金+工会经费+职工教育经费 \quad (2.3.6-25)$$

$$管理人员工资总额=管理人员数量\times人均年工资指标 \quad (2.3.6-26)$$

$$职工福利费=管理人员工资总额\times福利费费率 \quad (2.3.6-27)$$

$$社会保险费=管理人员工资总额\times各项保险费费率合计 \quad (2.3.6-28)$$

$$住房公积金=管理人员工资总额\times住房公积金单位缴存比率 \quad (2.3.6-29)$$

$$工会经费=管理人员工资总额\times工会经费计提费率 \quad (2.3.6-30)$$

$$职工教育经费=管理人员工资总额\times职工教育经费计提费率 \quad (2.3.6-31)$$

职工福利费按年职工工资总额的14%计取。

社会保险费主要包括养老保险费、失业保险、医疗保险等国家规定强制用人单位为职工缴纳的保险费。

住房公积金指根据国家规定用人单位需为职工缴纳的住房公积金。

工会经费、职工教育经费分别按年职工工资总额的2%和1.5%计提。

（2）摊销费是指无形资产及其他资产在成本中按规定年限摊入的费用。

无形资产按规定年限平均摊销，摊销年限根据项目情况按5～10年计。

其他资产按规定年限平均摊销，摊销年限根据项目情况按5～10年计，筹建期间的费用在开始生产经营年一次性计入当年损益。

（3）土地使用税是指对城市、县城、建制镇和工矿区使用土地的单位和个人，按其实际占用的土地面积缴纳的一种税。

$$土地使用税 = 实际占用的土地面积 \times 每平方米年税额 \qquad (2.3.6-32)$$

（4）排污费是指根据项目所在地规定，企业对外超标排放污染物（废水、粉尘和二氧化硫等）需缴纳的排污费用。

$$排污费 = \sum（各类污染物排放量 \times 相应超标收费单价） \qquad (2.3.6-33)$$

（5）其他管理费用是指不属于以上各项管理费用的费用，包括董事会费、聘请中介机构费、咨询费、诉讼费、业务招待费、房产税、车船使用税、印花税、技术转让费、矿产资源补偿费、研究与开发费、存货盘亏或盘盈、计提的坏账准备等。

$$其他管理费用 = 年销售额 \times 其他管理费用费率 \qquad (2.3.6-34)$$

其他管理费用费率为2% ~8%，可参考项目所在地供热企业实际运营状况和热用户的缴费情况确定。考虑项目的坏账准备，对于热费收缴率较高的项目，其他管理费率取下限，热费收缴率低于70%的项目，其他管理费率取上限。

3. 财务费用。财务费用包括应当作为期间费用的利息净支出（建设投资在运营期应归还的贷款利息、经营性贷款利息和流动资金贷款利息）、汇兑净损失以及相关的手续费和用户提前缴费的现金折扣等。具体计算方法详见综合篇2.4.7（3）。

供热企业为提前收取热费而对用户给出的优惠，属于现金折扣，计入财务费用。

$$现金折扣 = 提前收取的销售额 \times 综合优惠费率 \qquad (2.3.6-35)$$

提前收取的销售额可依据项目所在地历年热费提前收取比例确定。

综合优惠费率可参考项目所在地供热企业为提前收取热费而给出的优惠率，综合一定比例确定。

4. 营业费用。营业费用是指供热项目在供热销售过程中所发生的各项费用，包括供热收费人员的工资及福利费、收费网点费用、其他费用等。

2.3.7 经营成本

经营成本概念详见综合篇2.4.2。

$$经营成本 = 总成本费用 - 折旧费 - 摊销费 - 利息支出 \qquad (2.3.7)$$

2.3.8 固定成本和可变成本

固定成本和可变成本概念详见综合篇2.4.7。

$$固定成本 = 职工薪酬 + 折旧费 + 修理费 + 管理费用 + 财务费用 + 营业费用 \qquad (2.3.8-1)$$

$$可变成本 = 外购燃料费或外购热能费 + 水费 + 电费 + 外购材料费 + 运输费 \qquad (2.3.8-2)$$

2.3.9 税金计算

热力产品应依法缴纳增值税、城市维护建设税、教育费附加、企业所得税和地方性税费。

1. 热力产品的增值税计算：

$$增值税应纳税额 = 当期销项税额 - 当期进项税额 \qquad (2.3.9-1)$$

$$当期销项税额 = 热力销售收入（不含税） \times 适用税率 \qquad (2.3.9-2)$$

供热采暖销售适用增值税税率为13%，其他销售行为适用17%的税率，灰渣及副产品销售免税。

当期进项税额由当期生产过程中外购的燃料或热能、水、电和材料费等所发生的进项税组成，其中：

(1) 修理费进项税额 = 修理费 × 修理费中可抵税的材料费比例 × 适用税率 (2.3.9-3)

修理费中可抵税的材料费比例可参考项目所在地供热企业实际情况确定，无可参考资料的情况下，评价人员可根据当地财税政策测算确定，一般比率在20%～50%之间。

(2) 运输费扣除进项税额 = 运输费 × 运输费进项税扣除率 (2.3.9-4)

运输费进项税扣除率为7%。

如采用不含税价计算，则：

不含税价 = 含税价格 ÷（1 + 适用税率） (2.3.9-5)

2. 营业税金及附加。供热项目营业税金及附加包括应缴纳城市维护建设税、教育费附加和项目所涉及的地方性税费。

城市维护建设税税率依据项目所在地分别计取，城市为7%，县、镇为5%，其他地区为1%。教育费附加税率为3%。如项目所在地有相关规定，按地方规定的税率计算。

地方性税费是根据项目所在地相关税费文件规定以增值税、营业税、消费税为计税依据需缴纳的税费。如：防洪基金、河道清理费等。地方性税费缴纳额按地方相关规定计算。

3. 企业所得税。项目有盈利时应缴纳所得税。

所得税 = 应纳税所得额 × 所得税率 (2.3.9-6)

应纳税所得额（利润总额）= 收入总额 - 准予扣除项目金额 (2.3.9-7)

准予扣除项目为纳税人取得收入过程中发生的与收入有关的成本、费用、税金和损失。供热项目经济评价中为总成本费用、营业税金及附加和弥补以前年度亏损。对于所得税前利润不足以弥补以往年度亏损，可在五年内用所得税前利润延续弥补；延续五年未弥补的亏损，用缴纳所得税后的利润弥补。

供热项目企业所得税税率依据国家相关规定执行，对于国家或地方有减免优惠的情况，按相关优惠政策执行。

2.3.10 维持运营投资

维持运营投资内容、方法详见综合篇2.4.9。

2.3.11 财务效益与费用估算报表

财务效益与费用估算报表详见综合篇2.5。

3 资金来源与融资方案

3.1 资金来源分类

资金按来源划分为项目资本金和债务资金两部分。

3.1.1 项目资本金筹措

供热项目资本金主要来源于各级政府财政预算安排的基础设施投资和企业投资。

根据国家有关规定，供热行业投资项目资本金占总投资的比例不低于20%；投资项目的资本金一次认缴，并根据批准的建设进度按比例逐年到位。

3.1.2 债务资金筹措

供热项目债务资金主要来源有商业银行贷款、国家政策性银行贷款、非金融机构贷款、国际商业银行贷款、外国政府贷款、国际出口信贷和国际金融组织贷款等。

债务融资应对使用贷款的利率、计息周期、贷款偿还期、宽限期、手续费、承诺费以及还款方式（本金等额或本利和等额）等贷款条件做细致的调查研究，选用成本较低的资金，并在评价说明中明确表述。

安排债务资金流入应注意借款与还款衔接的合理性，一般不宜借款与还款同期发生。

3.2 资金来源可靠性分析

资金来源可靠性分析内容、方法详见综合篇3.4。

资金来源与融资方案应结合工程建设进度及资金需求，与项目实施进度及筹资方案相互衔接，并合理、有序安排项目资本金和债务资金的投入计划。

3.3 资金结构合理性分析

资金结构合理性分析内容、方法详见综合篇3.5。

债务资金与资本金的比例是否合理，直接影响到项目的生存与发展。如果债务资金比例过重，将会增加项目运营期间的债务压力和财务费用，造成财务风险，甚至导致投资失败。

债务资金规模取决于项目自身的偿还能力。供热项目偿债资金的来源主要有折旧费、摊销费、可供分配的利润。根据供热项目保本微利的原则，在不考虑供热贴费的前提下，折旧费成为偿还债务资金的主要来源，应根据每年折旧费可用于还贷的数额和贷款偿还期的要求，并考虑运行期内所能承受的财务压力，计算确定债务资金。供热贴费作为还贷资金的来源时，首先应确定供热贴费中可用于偿还债务的总资金量，再依据一定的备付关系来确定债务资金。

3.4 资金成本分析

资金成本分析内容、方法详见综合篇3.6。

3.5 融资风险分析

融资风险分析内容详见综合篇3.7。

3.6 融资方案优选

融资方案优选内容详见综合篇3.8。

4 财务分析

4.1 财务分析概述

财务分析是根据国家现行财税制度和价格体系，计算项目直接发生的财务效益和费用，编制财务报表，按融资前和融资后分析计算评价指标，考察项目的生存能力、清偿能力、盈利能力等财务状况，以判断项目的财务可行性。

4.2　融资前分析与融资后分析

融资前分析与融资后分析内容、方法详见综合篇“4　财务分析”，操作按综合篇规定执行。

4.3　供热项目财务盈利能力分析计算指标

1. 财务折现现金流量分析。项目投资现金流量分析，计算项目融资前所得税前和（或）所得税后财务内部收益率和净现值指标。

项目资本金现金流量分析，计算融资后所得税后项目资本金财务内部收益率和净现值指标。

投资各方现金流量分析，计算融资后所得税后投资各方的财务内部收益率和净现值指标。当投资各方不按股本比例进行分配或有其他不对等的收益时，可选择投资各方财务现金流量分析。

2. 采用非折现方式。必要时可依据利润与利润分配表，计算项目资本金净利润率（*ROE*）和总投资收益率（*ROI*）等指标，作为盈利能力分析的辅助指标。

各项指标的计算公式和判别标准详见综合篇4.3.1。

4.4　供热项目偿债能力分析指标

供热项目反映偿债能力的分析指标主要为利息备付率、偿债备付率和资产负债率。

安排还贷资金计划时应对贷款条件、有效年利率、还款期、宽限期和贷款偿还方式等条件进行充分准确的了解，贷款偿还方式应符合贷款方的贷款偿还要求。评价方法及内容详见综合篇“3　资金来源与融资方案”相关内容。

各项指标的计算公式和判别标准详见综合篇4.3.2。

4.5　项目生存能力分析

项目生存能力分析内容、方法详见综合篇4.3.3。

4.6　财务分析报表

财务分析报表详见综合篇4.7。

燃料或热能消耗量、耗水量、耗电量、材料用量和职工人数需在文字说明中以简表形式反映。

4.7　财务分析中的注意事项

1. 费用、效益的识别和估算是财务分析的基础，在费用、效益的识别和估算中一定要做到准确、客观。

2. 采用含增值税价格计算时，应予说明，并调整相关表格。

3. 当贷款偿还期长于计算期时，应依据计算期末项目资产负债和现金流，延长还贷计算期，但应充分考虑维持运营投资所需资金和停产减产对项目所造成的财务影响，合理安排还贷资金。

4. 对于购销均以热量为单位的供热项目，应根据专业规范考虑热能输送中的网损。

5. 如供货方为小规模纳税人或增值税简易办法计算征收单位，计算增值税进项税时，应注意进项税抵扣税率与购进货物所开具税票税率的一致性。

6. 燃煤热源项目灰渣的销售收入作为效益计入营业收入，灰渣处理和排放的费用计入总成本。

7. 在成本计算中应注意基于相同燃料资料计算燃料耗量和确定燃料价格。

8. 某些项目主要设施或设备的经济寿命短于计算期时，应注意在计算期内对结束经济寿命的设施或设备采用维持运营投资的方法进行更新。

9. 供热项目主营业务范围内不缴纳营业税和消费税。

5 经济费用效益分析

5.1 概述

经济费用效益分析是从资源合理配置的角度，分析项目投资的经济效益和对社会福利所做出的贡献，评价项目的经济合理性。

5.2 评价方法

经济效益费用分析包括定性分析和定量分析两个方面。对于效益费用能够用货币表示的应尽量进行定量分析；不能用货币表示的，应用其他定量指标表示；确实难以定量的，可定性描述。

5.3 经济费用效益分析

5.3.1 计算原则

经济评价应遵循效益和费用计算口径对应一致的原则。财务分析只计算项目财务主体发生的效益和费用；经济费用效益分析应计算项目对社会的直接贡献和直接费用，还应计算项目的间接效益和间接费用，即项目的外部效果。

凡项目为经济所做的贡献，均计为项目的效益，凡项目给经济造成的损失，均计为项目的费用。计算时要正确判断哪些是项目的效益，哪些是项目的费用。

经济费用效益分析可以直接进行，也可以在财务分析（项目投资现金流量表）的基础上利用货物的影子价格、影子工资和影子汇率进行调整计算，从经济的角度考察项目的费用和效益，利用社会折现率等经济参数和经济费用效益流量表进行分析。经济费用效益分析使用的影子价格在计算期内均不考虑物价总水平上涨因素。

5.3.2 直接估算项目的经济费用和效益

1. 项目的直接经济费用。主要是指为满足项目投入（包括建设投资、流动资金及项目运行期间的经营成本）需要而付出的代价，这些投入物用影子价格计算的经济价值即为项目的直接费用。

2. 项目的间接经济费用。是指经济上为项目付出了代价，而项目的直接费用中未得到反映的部分。如使其他部门遭受的损失、对环境的影响等。

供热项目的实施和运行期间对其他产业部门的负面影响较小，有利于环境保护和社会的持续发展，污染物的排放符合环保部门要求，而且环境改善的正面意义也是显而易见的。因此，供热项目的间接费用可忽略不计。

3. 项目的直接经济效益。供热项目的直接效益表现为用影子价格计算的供热项目营业收入（采暖费收入和蒸汽、生活热水以及集中式空调系统用热等热产品的销售收入等）。

4. 项目的间接经济效益。是指项目为经济做出的贡献，而在直接效益中未得到反映的那部分效益。

供热项目的间接效益主要表现为：

（1）节约资源和能源（水、土地、热能、燃料和电力等）的效益；同时减少运输量而节约的运输费用，缓解交通压力；减少的污染物总体排放量，进而节省大气环境污染治理的投资费用及改善环境的效益等。

1）节约能源。其效益计算公式为：

$$\text{节约能源（燃料、电等）效益} = \sum \text{节约能源量} \times \text{市场价（含税）} \quad (5.3.2-1)$$

式中　节省能源量 = ∑分散供热能源消耗量 − 集中供热能源消耗量

2）节约土地资源。其效益计算公式为：

$$\text{节约土地资源效益} = \text{节约占地量} \times \text{土地影子价格} \quad (5.3.2-2)$$

式中　节约占地量 = 供热范围内的分散供热锅炉房占地量 − 供热范围内的集中供热热源、热交换站占地量

3）节约运输费用。其效益计算公式为：

$$\text{节约运输效益} = \sum \text{节约燃料、灰渣减少量} \times \text{运输单价} \quad (5.3.2-3)$$

式中　节约燃料量 = 供热范围内的分散供热燃料运输量 − 供热范围内的集中供热燃料运输量

减少灰渣量 = 供热范围内的分散供热灰渣运输量 − 供热范围内的集中供热灰渣运输量

4）减少污染物总体排放量。其计算公式为：

$$\text{减少污染物总体排放量} = \sum（\text{分散供热污染物排放量} - \text{集中供热污染物排放量}） \quad (5.3.2-4)$$

减少污染物总体排放量表示集中供热比分散供热可减少飘尘及二氧化硫等污染物的年排放量。

（2）减少疾病，增进健康，提高城市卫生水平，从而提高社会劳动生产率，降低医疗费用。

（3）对于旅游城市，由于城市环境的改善，使旅游收入提高等。

5.3.3　转移支付

转移支付是指仅将资源的支配权从社会的一个群体转移到另一个群体，是国民收入的重新分配，如一些税收与补贴就属于转移支付，而非经济费用。处理方法详见综合篇5.2.1。

5.3.4　影子价格

影子价格及有关参数的概念、内容及计算方法详见综合篇5.2.1。

5.3.5　在财务分析基础上进行费用与效益的调整

1. 固定资产投资的调整计算：

(1) 剔除固定资产投资中的购置设备及材料的关税和增值税（非应税项目）、土地使用税、投资方向调节税、涨价预备费。

(2) 以影子汇率、影子价格调整进口设备及材料价格。

(3) 以影子价格换算系数调整国内设备价格。

(4) 根据建筑工程消耗的人工、三材、其他大宗材料、电力等，用影子工资、货物和电力的影子价格调整建筑工程费。

(5) 土地影子费用应反映土地的机会成本和社会新增资源消耗，要分析土地的基准价或机会成本，尽量反映土地资源的稀缺程度。

2. 流动资金的调整计算：

(1) 采用分项详细估算法计算流动资金时，应根据以影子价格调整好的经营费用重新估算流动资金。

(2) 采用扩大指标估算法测算流动资金时，应根据用影子价格调整后的销售收入或成本费用重新估算流动资金。

3. 经营成本的调整计算：

(1) 可变成本中的原材料、燃料、动力费用等，要采用影子价格调整。

(2) 固定成本中的职工薪酬，应以影子工资换算系数进行换算。要注意两者的口径范围应保持一致。

(3) 固定成本中的修理费用，应按调整后的固定资产投资数值计算。

(4) 其他需要调整部分，根据项目情况，仅对价格扭曲加大因素进行合理调整。

4. 销售收入的调整计算。按综合篇及有关规定要求，结合项目具体情况按非贸易产出物影子价格计算原理进行计算。

供热采暖项目销售价格调整计算中，可将项目所在地相同地段“二手房”交易中有无采暖设施的房屋交易差价视为“显示偏好”，调整测算销售影子价格。

采暖销售影子价格 = 现行热价 + 房价差额年金（按 20 年折现计算等额年金，折现率按长期国债利率）　　(5.3.5)

房价差额年金的现值以现行市场交易价格为比较基准，调整其他因素（房屋朝向、楼层、采光等）对价格影响，剔除采暖设施购置费用，谨慎确定现值。

5.4　经济费用效益分析报表

经济费用效益分析报表详见综合篇 5.6。

6　不确定性分析与风险分析

6.1　不确定性分析的目的和内容

不确定性是指在缺乏足够信息的情况下，估计可变因素变化对项目产出期望值所造成的偏差。

不确定性分析包括盈亏平衡分析、敏感性分析。盈亏平衡分析只适用于项目的财务评价，敏感性分析可同时用于财务分析和经济费用效益分析。

6.2 不确定性分析方法

6.2.1 盈亏平衡分析

盈亏平衡分析的目的就是找出由盈利到亏损的临界点，即盈亏平衡点（*BEP*），据此判断项目风险的大小及对风险的承受能力。具体计算详见综合篇7.2。供热项目盈亏平衡分析采用生产能力利用率和产量表示盈亏平衡点。

盈亏平衡点亦可通过绘制盈亏平衡图进行分析。盈亏平衡点越低，其项目适应市场变化的能力越大，抗风险能力越强。

6.2.2 敏感性分析

敏感性分析是经济决策中最常用的一种不确定性分析方法，它通过分析、预测项目主要影响因素发生变化时对项目经济评价指标（如*NPV*、*IRR*等）的影响程度的大小，找出敏感性因素，从而为采取必要的风险防范措施提供依据。

1. 单因素敏感性分析。在进行敏感性分析时，假定只有一个因素是变化的，其他的因素均保持不变，分析这个可变因素对经济评价指标的影响程度和敏感程度。

一般根据项目的特点、不同的研究阶段、指标的重要程度来选择一至两个指标为研究对象，经常用到的经济评价指标是净现值（*NPV*）和内部收益率（*IRR*）。影响项目经济评价指标的主要敏感因素，经常用到的是销售收入、项目建设投资、经营成本。

对所选定的不确定性因素，按照一定的变化幅度（如±5%、±10%、±20%）改变它的数值，进而计算出这种变化对*NPV*或*IRR*的影响数值，并将其与原始值做比较，列入敏感性分析表，并据此绘制敏感性分析图。图中与横坐标相交角度较大的变化曲线所对应的因素就是相对敏感性的因素。绘出变量因素的变化曲线与临界曲线（如$IRR = i_c$）的交点，交点处的横坐标就表示该变量因素允许变化的最大幅度，即项目由盈到亏的极限变化值（临界值）。

2. 多因素敏感性分析。在进行敏感性分析时，有两个或两个以上因素同时发生变化，分析这些因素变化对经济评价指标的影响。在特定情况下或投资方有要求时才需要做多因素敏感性分析。

6.3 风险分析

风险分析的目的就是识别潜在的各种分析因素，预测风险发生概率，判别风险程度和影响，提出规避风险的对策措施。

应根据供热项目特点和实际需要，进行风险分析，定量分析可采用简单概率分析法，对难以定量化和非经济风险因素可进行定性分析。

6.3.1 风险因素识别

1. 供热市场热用户风险。市场需求，规划建设热用户规模、种类等情况与实际情况的偏差较大，达不到预期供热负荷。

2. 工程建设风险。不能正常建成、建设工期延长、建设内容发生重大变化、建设投资增加以及达不到预期供热能力等。

3．融资风险。资金不能及时到位，利率、汇率变动及其他融资条件发生重大变化造成的损失。

4．经营风险。由于外部经营环境的变化，如经济的不景气、通货膨胀、协作单位没有履行合同等因素造成的风险，生产成本风险，管网运行过程中出现的风险（如突然断水、断电等）以及供热收费风险等。

5．自然灾害风险。如风灾、火灾、水灾和地震等自然灾害对项目运营等产生的影响。

6．其他风险。项目前期研究、论证审批、工程设计、施工建设、运营等各环节可能遇到的其他各种风险，包括能源政策、法律环境、投资建设环境等各种风险。

6.3.2　风险分析

风险分析方法及内容详见综合篇“7　不确定性分析与风险分析”。

7　方案经济比选

7.1　方案经济比选方法与原则

供热项目的方案比选与其他市政项目具有相同的共性，方案比选的计算方法与综合篇基本一致。各种方案比选方法的概念、内容及公式详见综合篇“8　方案经济比选”。

对效益无法量化的方案比选，可采用费用效果分析方法，其概念、内容及公式详见综合篇“6　费用效果分析”。

7.2　方案比选中的注意事项

1．方案比选中的基本注意事项详见综合篇 8.2。

2．项目的备选方案要满足财务生存的要求，经济比选应注意与技术方案的结合。

3．在对方案所含的全部因素（相同因素和不同因素）进行全面比选时，应注意不同方案基础条件的可比性及计算数据的准确性。

4．对于局部系统不直接产生经济效益的方案比选，应采用增量分析的方法。将方案对比的差额投资作为增量投入，节省的运行费用作为增量效益，折现计算增量效益 $\Delta FIRR$。当 $\Delta FIRR$ 大于项目基准收益率时，以投资大的方案为优；$\Delta FIRR$ 小于或等于项目基准收益率时，以投资小的方案为优。

5．比选方案的计算期不同时，比选的计算期可按备选方案计算期的最小公倍数确定，但计算期不宜超过运营期。

8　改扩建项目经济评价方法

8.1　改扩建项目的特点和评价原则

改扩建项目的定义和共性特点详见综合篇“9　市政改扩建项目经济评价”。供热改扩建项目经济评价的特点和评价要求如下：

1．改扩建项目是在企业现有资产上进行投资改造，不同程度地利用了原有资产和资源，增量调动存量，更好地发挥其潜在能力，使资源配置更为合理。

2. 改扩建项目评价所包含的内容与新建项目相同，即包括财务效益费用分析和经济效益费用分析两部分。财务效益费用分析要进行盈利能力分析和清偿能力分析，经济效益费用分析应进行经济盈利能力分析。

3. 对于改扩建项目与新建项目共性的内容（如投资估算、资金筹措、成本和效益的计算及税金等）按新建项目中的规定操作，但改扩建项目管理费用的费率原则上低于新建项目。

8.2 供热项目改扩建的界定

新建项目是指新开工建设的项目，建成后其生产和销售形成独立整体，可以单独财务核算的项目（不具备独立法人资格的项目亦可）。对于供热项目而言是指新建供热设施与热用户之间的生产、销售能够形成一个独立整体，不再借助其他存量资产或只利用价值较少的存量资产的项目（以下简称新建项目）。

改扩建项目是指现有企业为了生存与发展，在原有基础上所进行的改建、扩建项目。对于供热项目而言是指新建供热设施与热用户之间的生产和销售环节必须利用大量的存量资产（如原热源的输煤系统、水处理系统、电气仪表系统、公共设施、烟囱和供热管网的主干管等），才能够进行正常的生产、销售的项目（以下简称改扩建项目）。

对于原有基础较小，经扩大规模后，其新增的固定资产价值超过原有固定资产价值的三倍以上或建成后生产能力提高两倍以上的项目，采用对增量与存量形成的资产进行整体评价（即结合存量资产按新建项目评价）。

对属于局部性扩建，且新增热用户可单独供应的项目，可以通过协议方式对公用资产进行租赁，采用新建项目的评价方法。如：在已有热源厂内扩建锅炉，供热管网单独出线供应新的供热区域，并且项目单独财务核算的情况，对于与老厂公用的输煤系统、供电系统等设施采取租赁的方式支付相应的费用，保证财务分析投入产出一致性的原则。

8.3 改扩建项目评价方法

改扩建项目的盈利能力分析（包括财务和经济）应采用“有无对比法”。“有项目”是指改扩建项目实施后计算期内可能发生的情况，“无项目”是指不改扩建将来“最可能”发生的情况。

盈利能力分析的基本方法是计算对“有项目”与“无项目”两个方案的增量收益，用增量指标评价项目的盈利能力或经济合理性。

清偿能力分析要在项目范围内进行整体评价，即在计算贷款偿还时，应考虑项目范围内的企业历史性债务和存量资产的清偿能力，评价项目实施后企业对债务的清偿能力。

8.4 计算范围

供热改扩建项目的范围界定和处理方法与综合篇中的项目范围界定基本一致，并不存在较为特殊的情况。项目范围的界定和操作方法详见综合篇9.3。

8.5 计算期

供热改扩建项目以“有项目”的计算期为基准，调整“无项目”的计算期。

供热项目为季节性运行，一般每年只运行3~6个月，其主要设备的机械磨损程度相对于其他项目要小。“无项目”可通过增加修理费（修理费率提高1%~2%）的方法，延长1~5年的运行期，与“有项目”的计算期一致。

当“无项目”运行期延长后仍无法达到“有项目”的计算期，应考虑采用更新追加投资的方法维持“无项目”的运行达到“有项目”的计算期。

8.6 投资估算

供热改扩建项目投资估算的处理方法同综合篇。

8.7 固定资产折旧

供热改扩建项目固定资产折旧的处理方法同综合篇。

8.8 停产（减产）损失的处理

项目进行改扩建与技术改造过程中都不同程度地存在停产、减产的情况，但供热采暖项目为季节性运行，改扩建的实施基本都会避开生产运行期，而且出现停产、减产损失的情况也较少，因此一般可忽略不计。常年供应生产性热负荷的项目有停产、减产损失的情况发生，可按综合篇9.9中的规定处理。

8.9 分期改扩建项目的处理

供热项目分期改扩建项目的处理方法同综合篇。

8.10 改扩建项目经济评价基本评价指标

改扩建项目财务分析指标有：财务内部收益率（增量）、财务净现值（增量）、投资回收期、总投资收益率、项目资本金净利润率、利息备付率和偿债备付率。

改扩建项目经济分析指标有：经济内部收益率、经济净现值和经济效益费用比。

8.11 改扩建项目经济评价报表

改扩建项目经济评价报表详见综合篇。

8.12 技改项目经济评价特点及方法

1. 技改项目按其改造后的效果可分为两类。一类是企业技改后能够拓展业务空间，增量投入可以为企业带来新增的经济效益；而另一类是企业实施技改后，增量投入并不能直接产生效益，其效益主要体现为节省运行费用、降低运行成本，通过内部挖潜而产生的增量效益。

2. 技改项目的经济评价要进行盈利能力分析和清偿能力分析。

盈利能力分析，采用“有无对比法”，将技改发生的费用作为增量费用，将新增效益和节省的运行费用作为增量效益进行分析计算，用增量指标评价项目的盈利能力，并作为判断项目财务可行性和经济合理性的主要依据。

清偿能力分析要在项目范围内进行整体评价，即计算贷款偿还时，应考虑企业历史性债务和存量资产的清偿能力，评价项目实施后企业对债务的清偿能力。

3. 对于能够直接产生新增经济效益的供热技改项目，其增量经济指标满足投资方可接受的目标收益率或供热行业基准收益率即可。对于并不能直接产生新增经济效益的供热技改项目，其增量经济指标应高于同期商业银行贷款利率（当改造费用全部来自于贷款，以资金成本为判据），以确定技改资金投入的商业价值，并考察增量自身的清偿能力（即节省的运行费用能否偿还债务）。

4. 技改项目经济评价指标和主要报表可参考改扩建项目。

9 评价参数

9.1 经济费用效益分析参数

用于经济费用效益分析的社会折现率、影子汇率换算系数和影子工资换算系数，采用国家有关部门规定的数值。

9.2 财务分析参数

用于财务分析的参数，是按现行财税价格条件，根据供热项目近几年统计数据、新项目可行性研究资料及行业的综合统计资料，按统一方法估计测算，取值时考虑了国家产业政策、行业技术进步、资源劣化、价格结构等因素综合研究测算的。

1. 财务基准收益率。根据目前各地供热企业建设运行的实际情况，供热项目财务基准收益率测算时固定资产投入物的范围只包括供热热源、热网（一级管网）、热力站、中继泵站及附属辅助设施等；不包括室内采暖设施和二级供热管网。

供热项目财务基准收益率（融资前税前）的参考值为5%。

对于固定资产投入中包括二级供热管网的项目和项目投资方对于项目的收益水平有明确要求的项目，应根据投资方的意见，以“投资方可接收的目标收益率”为财务基准收益率。

2. 财务基准投资回收期。供热项目基准投资回收期为15年。

测算依据和适用范围同财务基准收益率。

3. 其他主要计算参数。供热项目的流动资金估算周转次数、折旧年限、修理费率、其他制造费用率、其他管理费用率等，测定方法及数值详见本篇“2　财务效益与费用估算”相关内容。

附录

项目基础资料

社会经济资料是结合建设项目的特点、环境、背景等有关的社会经济信息，是经济费用效益分析及评价的基础。社会经济资料应真实反映项目所在地的社会经济状况及建设条件，有助于评价的真实性、准确性及合理性。

1. 项目所在地社会经济资料

（1）年度国民生产总值、人均总产值、人均国民收入。

（2）国民经济发展计划。

（3）城市规模和基础设施状况的分布。

（4）当地的资源供求关系。

（5）城市总体规划、供热专项规划和供热现状的情况及相互关系。

（6）国家和地方的财税制度、优惠政策、项目相关收费文件及计取方法。

2. 资料的收集与整理

通过日常资料、价格、数据及参数等的积累来获取本行业的有关信息。应注意信息的真实性、可靠性及时效性。

利用当地政府发布的现行资料和信息及相关部门提供的数据来获取社会经济资料。

社会经济资料收集齐全之后，应认真整理和分析。基础资料及数据引用的准确、有效直接关系到评价的真实、可靠。对不确定的信息应及时进行核查和补充。

3. 供热项目经济资料

（1）项目建设的经济资料：

1）主要设备及材料的现行市场价格，进口设备的到岸价（FOB 价）及所需缴纳的税费（并说明所缴纳的税种、税率）。

2）当地政府规定的土地征用费、拆迁费、赔偿费、迁移安置费、城市道路挖掘恢复费、临时占路费、城市配套费等收费标准。

（2）建设资金的经济资料：

1）项目资本金的来源和构成情况。

2）债务资金的来源和构成情况，各项贷款的总额度、年度使用计划、汇率、年利率、宽限期、偿还期及还款条件等。

（3）财务分析基础数据的经济资料：

1）当地供热的收费标准，包括采暖热价和工业用汽热价。

2）燃料或热能、水、电、材料等投入物当地现行价格，应注意燃料价中燃料价和运费应分离。

3）项目的劳动定员安排和项目单位的人年均职工薪酬。

4）当地已建工程的营运状况，包括行业技术经济指标、成本与效益、盈亏情况、网损率等。

5）有关部门对管理费、折旧费、摊销费、修理费等有无特殊要求及计取方法。

6）国家和地方的财税制度、优惠政策、项目相关收费文件及计取的方法。

燃　气　篇

1 总　　则

1.1 编制依据和目的

为规范城市燃气项目经济评价方法，提高经济评价的质量和项目决策的科学化、规范化水平，根据国家发展和改革委员会、建设部发布的《方法与参数》(第三版)，在《市政项目方法与参数（综合篇)》的基础上，制定《市政项目方法与参数（燃气篇)》。

1.2 适用范围

本篇适用于大中型新建、扩建和改建（含技术改造、燃气转换）燃气建设项目的经济评价，小型燃气项目可参照本篇基本原则，适当简化。本篇适用于燃气项目前期评价，项目的中间评价和后评价阶段可参照使用。

1.3 项目及评价特点

燃气项目具有市政公用设施项目、城市能源项目和环境保护项目等特性，项目的效益主要体现为社会、经济、环保和节能等效益，经济评价中应注意投融资主体的不同要求，燃气项目应具有财务生存能力和一定的财务收益，使其有能力参与能源市场的竞争。

1.4 项目界定及类型

本篇所称的城市燃气是指符合城镇燃气质量要求的，供给居民生活、公共建筑和工业企业生产等作燃料用的，公用性质的人工煤气、天然气和液化石油气等气体燃料的总称。

燃气项目是指具有城市公用性质的燃气生产、储运、输配、销售的建设项目，不包括属于以输气为目的的长输管线运输项目和工业企业专属燃气供应设施建设项目。

燃气项目按照项目建设内容和性质的不同可划分为制气项目、输配项目、调峰项目以及由上述子项目组成的综合项目，按照气源的不同可划分为天然气项目、液化石油气项目和人工煤气项目。

一般燃气项目属于综合篇中所述第二类项目，采用特许经营模式的燃气项目属于第一类项目。

1.5 评价内容

燃气项目经济评价应进行财务分析和不确定性分析，宜进行经济费用效益分析；根据项目实际情况可进行风险分析；当燃气项目旨在改变区域能源结构等时，宜进行区域经济影响分析。

1.6 评价原则

经济评价应在保证客观、科学、公正的基础上，遵循有无对比，效益与费用计算口径对应一致，风险与收益权衡，定量分析与定性分析相结合、以定量为主，以及动态分析与静态分析相结合、以动态为主的原则。

财务分析应计算项目本身的直接财务收益和成本，经济分析应计算项目的直接经济费用效益和间接经济费用效益。

1.7 评价结论

只需要进行财务分析的燃气项目，财务分析结论可行，则项目可行。

同时需要进行财务分析和经济费用效益分析的燃气项目，财务分析和经济费用效益分析的结论均为可行者，项目可行；财务分析和经济费用效益分析的结论均为不可行者，项目不可行；财务分析结论为不可行，而经济费用效益分析结论为可行者，原则上项目可行，但需要提出使项目具有财务生存能力的措施。

1.8 价格体系

财务分析时投入应采用以市场价格体系为基础的预测价格，产出可采用预期财务价格和（或）现行价格。在建设期内，一般应考虑投入物的相对价格变动及价格总水平变动。在运营期内，若能合理判断未来市场价格变动趋势，投入物与产出物可采用相对变动价格；若难以确定投入物与产出物的价格变动，一般可采用项目运营期初的价格。有要求时，也可考虑价格总水平的变动。

经济费用效益分析采用的影子价格，在计算期内均不考虑物价总水平上涨因素。

1.9 计算期

燃气项目的计算期包括建设期和生产期，其中生产期一般为20年。当经营方、投资方或气源供应单位对项目服务期（即生产期）有合理的特殊要求时，可作适当调整。

1.10 评价参数

用于经济费用效益分析的社会折现率、影子汇率换算系数等参数，应采用国家有关部门规定的数值；用于财务分析的行业基准收益率、基准投资回收期等参数，可参考本篇给出的数值；其他参数可由项目评价人员根据项目具体情况自行测定。

1.11 改扩建项目的界定

城市燃气改建、扩建、技术改造、燃气转换等建设项目（以下简称改扩建项目）是指在原有企业拥有的燃气生产和输配设施以及原有经营管理的基础上进行建设的项目。

1.12 本篇与综合篇配套使用

2 财务分析

2.1 需求分析

估算财务效益和财务费用，应对燃气项目的燃气需求量、价格和经营投入进行预测，必要时还应对需求风险进行分析。

2.1.1 需求量预测

燃气需求量预测应在城市总体规划和城市燃气专项规划的指导下，基本明确项目的气源、供气对象、供气范围、市场占有率、竞争能力等条件后进行，并由此确定项目的建设规模。

2.1.2 价格测算

燃气项目的价格测算应按照市场调查情况和项目自身特点及要求，经过综合分析、研究后进行。燃气项目价格测算和分析内容一般包括以下两个方面：

1. 项目预期财务价格。

（1）测算原则：应既能体现燃气项目的公用设施项目的特性，又能够按照市场经济的价值规律运行。项目预期财务价格应使项目具有财务生存能力并能满足还款要求。

（2）测算方法：项目预期财务价格测算可采用成本定价法和合理收益定价法，选用何种方法应根据项目实际情况决定。在可能的情况下，可将上述两种方法测算的结果作适当的折中后确定。

1）成本定价法。采用成本定价法一般不考虑项目以外的环境对项目预期财务价格的影响，尽管可能有一定的风险或损失，但可以保证项目自身具有盈利能力和偿债能力。当项目以成本控制为重要控制目标时，可以采用此方法。

当分别对各类燃气用户进行以成本为基础的价格测算时，项目预期财务价格可采用以下公式计算：

$$\text{预期财务价格} = \sum(\text{某类用户价格} \times \text{当年该类用户用气量占当年供气量的比例}) \tag{2.1.2-1}$$

或

$$\text{预期财务价格} = \frac{\sum(\text{某类用户价格} \times \text{当年该类用户用气量占当年供气量的比例})}{1 - \text{当年未预见量占当年供气量的比例}} \tag{2.1.2-2}$$

2）合理收益定价法。合理收益定价法一般也不考虑项目以外的环境对项目预期财务价格的影响，也有一定的风险或损失。当投资者在财务内部收益率上有要求时，可以采用此方法。

2. 现行价格。采用现行价格测算应以当地现有燃料市场价格为基础。常用的测算方法有以下两种：

（1）依据现有市场价格进行综合测算。当项目所在地存在相同或相近的燃气市场价格时，宜结合其价格制定原则，分析近年来价格变化因素和相应规律，预测其变化趋势，在相对价格上进行调整，获得最有可能采用的预测价格，作为项目评价的价格。也可以结合消费指数的变化，从物价总水平上进行同步预测。采用这种方法可以帮助项目投资方确定项目产出价格，以适应燃气未来市场价格变化，避免市场承受能力不足的风险。当项目以价格的市场承受能力或可实现性为主要控制目标进行决策时，可采用此方法。

项目的综合现行价格常用加权平均法计算，也可利用本篇附表1计算。综合现行价格计算公式如下：

$$\text{综合现行价格} = \sum(\text{某类用户现行价格} \times \text{当年该类用户用气量占当年供气量的比例}) \tag{2.1.2-3}$$

（2）参照其他能源热值价格预测。城市燃气的用户类型较多，各类用户的燃气用途也不尽相同，利用各类用户无拟建燃气项目时使用燃料的市场价格，计算获得相同能量时需要的燃气消耗量（即考虑其热值的不同和热效率的差异）的支出，等价折算成燃气初步价格，再结合两者的使用效果（如方便性、清洁性等），进行适当调整，得出可能采用的价格，作为适用于项目的现行价格。采用此方法可以获得城市燃气与其他能源竞争的重要信息，把握获得较大利益的机会以及得到规避损失的价格空间，对项目的长远发展有利。价格预测时对上述影响因素的分析应准确，以免带来偏差。当项目以效益控制为主要目标或以乐观判定进行决策时，可利用此方法。

预期财务价格和现行价格都可作为财务分析的价格，两者之差可以作为政府补贴的依据。

2.1.3 经营投入估算

燃气项目的经营投入如劳动定员、用电、用水和其他辅助性消耗等的数量，应在项目可行性研究报告的专门篇章中根据实际需要提出，结合现行市场价格进行相关费用的计算。

2.1.4 需求风险分析

上述需求的风险分析应按综合篇规定的原则，参照本篇4.3进行风险因素识别、风险估计和风险评价，并推荐符合风险应对策略的方案作为财务分析的基本方案。

2.2 财务效益与费用估算

2.2.1 收入估算

燃气项目的收入包括主营业务收入、其他业务收入和补贴收入。

1. 主营业务收入。燃气项目的主营业务收入也称营业收入或销售收入，指向各类用户销售燃气获得的实际收入。

营业收入与产品的年销售量和用于评价的价格有关，计算公式为：

$$年营业收入=年销售量\times用于评价的价格 \tag{2.2.1-1}$$

年销售量为预测销售量，根据项目的市场分析获得。燃气项目按不同用户的年销售量分别表示时的营业收入计算公式为：

$$年营业收入=\sum（当年某类用户的燃气销售量\times销售给该类用户的价格） \tag{2.2.1-2}$$

营业收入也可以通过下式计算：

$$年营业收入=设计年供应规模\times用于评价的价格\times当年生产负荷\times（1-销售损耗率） \tag{2.2.1-3}$$

式中，设计年供应规模应按《城镇燃气设计规范》规定，包括未预见量部分，营业收入中也应包含未预见量的销售收入；按用户分类计算销售量时，使用未预见量的用户可视为各类用户构成的“综合用户”，其对应的价格应取当年用于评价的价格，也可以达产年用于评价的价格近似计算；当年生产负荷是指当年应达到的燃气销售量（即不含销售损耗的理论销售量）与设计年供应规模的比值，用百分数表示；销售损耗率是指在燃气销售环节的损耗程度，用销售损耗量占理论销售量的百分比表示。销售损耗也称为产销差，主要指项目生产或获得的成品气在输送、调峰储存和销售环节产生的损失，如管输漏损，调峰储存等设施的安全放散损失，有排放的管道作业损失，用户计量负误差等。一般销售损耗率可按3%计取，也可在有充分依据时另行测算，但不宜大于5%。

2. 其他业务收入。燃气项目投产后，在主营业务外可能还有一些副产品销售、用户燃气管道工程安装、燃具销售等兼营业务，其净收入即为用于现金流量和损益计算中的其他业务收入。

其他业务收入的计取原则为：当获得这些收入所需要的资金投入是建设投资的一部分或全部时，其净收入应按相应的比例计入项目的总收入，否则不能计入。

3. 补贴收入。某些燃气项目在经营期间，特别是在经营初期，可能获得一部分国家或（和）地方政府的补贴，这部分补贴收入应计入总收入中。

2.2.2 费用估算

1. 项目总投资。燃气项目总投资包括的内容和估算方法，按综合篇相关规定执行。在流动资金估算时，应注意以下特点：

（1）扩大指标估算法。燃气项目多采用扩大指标估算法估算流动资金。由于流动资金与经营成本的关系最为密切，因此一般采用经营成本流动资金率作为扩大指标进行流动资金的估算，其计算公式为：

$$\text{流动资金} = \text{达产年经营成本} \times \text{经营成本流动资金占有率} \qquad (2.2.2-1)$$

式中，经营成本流动资金占用率是指一定时期（通常为一年）内流动资金需要量与经营成本的比率，可参照气源和规模类似的可比项目取值。当缺少相关资料时，燃气项目经营成本流动资金占有率可取25%，即流动资金需要量为达产年平均3个月的经营成本。

（2）分项详细估算法。当投资方有要求时，可采用分项详细估算法测算流动资金。测算时应对燃气项目中流动资产和流动负债的各构成要素形成特点进行分析，结合可能的收费形式以及购进货物合同中的付费方式和期限等进行测算。计算公式详见综合篇2.4.3，其中的周转次数和最低需要周转天数按本篇7.2进行测算或直接取值。

在流动资金估算中，某些科目可按以下方法处理：

1）现金估算中的年其他费用可按总成本费用中“其他费用”项计列，当能够区分出应扣除部分，如其中的职工薪酬、折旧费等时则按规定扣除。

2）燃气项目的存货主要体现在“外购原材料、燃料”项（外购原料煤、天然气、LPG、矿井瓦斯，以及动力、水、油等）、“在产品”项及“产成品”项（制气设备、储气设施和管道中的燃气，以及出厂前的副产品等）。外购原材料中，除要计算外购原材料产生的存货费用外，还要计算项目自身具有的原材料备用储存设施（调峰储存设施除外）产生的原材料存货费用。“在产品”和“产成品”两项可以合并计算，如能明确划分和界定时，则应分别计算，如管道设施中不存在在产品，只有产成品，而调峰储气设施可能既存在在产品（如LNG调峰站气化设施中的天然气），也存在产成品［如时（日）调峰储气站中储存的天然气］。

3）应付账款和预付账款与外购原材料和动力的购买合同中的规定密切相关，应了解其中的付费方式和结算周期等情况，进行区别处理。

4）用户收费形式和购进原材料等合同中的付费方式是决定燃气项目流动资金的重要

因素，为确保项目流动资金充足，在没有约定时，建议按用户到期结算和购进原材料等预先付费的方式进行测算。

2. 总投资形成的资产。建设项目总投资形成的资产，详见综合篇 2.4.6，并按其原则计算固定资产原值。

燃气项目中，形成固定资产绝大多数为燃气专用设备、燃气管道设施、建筑物和构筑物、生产机具等。在项目建设期（包括边投产边建设时期）完成的固定资产投资，在交付使用时均已形成固定资产并计为固定资产原值。

3. 总成本费用。

（1）总成本费用估算。燃气项目的总成本费用是指项目在一定时期内（一般为一年）为生产、输配和销售燃气而发生的全部费用，由生产成本（一般可分解为制气成本、输配成本、调峰成本）、管理费用、财务费用和营业费用组成。

燃气项目中制气成本的生产单位按城市门站（或首站）为界划分。输配成本的生产单位涵盖范围为城市门站（或首站）至用户接口之间的各级压力管道、调压站、配套附属设施以及劳动定员等，除特殊要求外，应不包括用户管道系统。当燃气项目中调峰设施占总投资比例较明显时，原则上应测算调峰成本，否则可并入输配成本中简化计算。调峰成本的生产单位为调峰站（厂、库）及相关辅助管道。各分类成本的构成要素参照综合篇 2.4.7 执行。

对于部分功能单一的大型燃气项目或中小型燃气项目，可不按上述生产单位分类测算，采用简化的办法，综合为生产成本或分类成本的其中之一类（如输配成本）。

燃气项目中的管理费用、营业费用和财务费用，按现行会计制度或参照综合篇 2.4.7 测算。

（2）总成本费用估算应注意以下几方面内容：

1）直接材料包括外购天然气、液化石油气、煤、矿井瓦斯等，分类测算时须注意不应导致直接材料的重复计算；直接燃料和动力包括电、热、燃料用油等，不包括已计入直接材料的生产用燃料，如燃气轮机用气、锅炉用气或煤等；直接消耗材料包括作为生产辅助材料的水、润滑油、各种制剂（如脱硫剂、干燥剂、嗅剂）等。

修理费除常规修理费用外，还应包括抢险、抢修费用。

2）对于城市天然气项目，接收的气源一般符合城市燃气气质要求，不存在制气成本，但当确实需要处理（如进一步脱硫、脱水，或 LNG 气化等）时，则有制气成本（或称加工成本）。

对非管道气项目，一般不存在输配成本，因气源到站（库）前的运输可列为直接材料，而出站（库）产品（燃气）的运输费应计入营业费用。

3）对有气源开发利用（如天然气开采、矿井瓦斯利用）的综合性项目，除按规定的方法计算生产成本外，也可将全部用于开发的资金折算成气源的单位开采成本，计入“直接材料”的购气价格中，还可以将全部开发资金视为资源使用权（费），列为其他资产中的长期待摊费，按约定的资源使用权年限进行摊销。

4）对可分类计算制气成本、输配成本、调峰成本的项目，其分类成本之和即为生产成本。计算时原则上应按照实际构成各类成本的要素分列计算，其中制造费用也可按各分类建设投资额占全部建设投资额的比例近似分摊。

5）制气、输配、调峰储存过程中直接消耗的原材料（如燃气制造和输配的耗损、燃气动力设备等生产自用气）的费用应计入对应的生产成本中，一般可将此部分费用列为直接材料，其中消耗量的计算可通过项目的物料平衡或能量平衡得到。

6）项目的经营损耗应列入总成本。经营损耗也称为购销差，主要指原材料购进环节产生的损失，如购气计量差、原料煤运输和储存损耗等。经营损耗以直接材料费计入生产成本。经营损耗率（即经营损耗量占正常购量的百分比）按行业规定计取；当行业暂无规定时，经营损耗率可按大型项目的3% ~8%，中型项目的3% ~10%，小型项目的3% ~12%计取。

根据实际运行经验和运行指标选取评价中使用的经营损耗率时，应剔除属于生产、输配、储存过程中产生的那部分损失如产销差［详见本篇2.2.1］、抄表收费时间差、不可抗力的事故损失等。

为简化计算，也可将此部分费用一并作为内部耗损计入直接材料费，形成生产成本，但必须予以明确说明。所增加的这部分直接材料用量的计算公式为：

$$直接材料增加量=年直接材料量\times 经营损耗率 \qquad (2.2.2-2)$$

式中，年直接材料量是指为了达到项目当年预测供气规模所必须购进的全部直接材料量（即正常购进量）。

7）当燃气项目有联产品（如焦炭、三联供的电和热等）时，个别联产品成本的计算涉及联产品的分离。联产品成本费用在总成本费用中的分离可采用价值系数分离法，即以产品价值作为分离总成本费用的基准，用分离积数确定分离值的方法。计算步骤如下：

①根据各联产品单价（出厂价）和产量计算出全部产品的总价值，得到单位价值系数，计算公式为：

$$单位价值系数=1\div 全部产品的总价值 \qquad (2.2.2-3)$$

②计算出各联产品的分离积数，公式为：

$$某联产品分离积数=单位价值系数\times 该联产品价值 \qquad (2.2.2-4)$$

③计算各联产品应分配的总成本费用额，计算公式为：

$$各联产品应分配的总成本费用额=共同总成本费用额\times 该联产品分离积数 \qquad (2.2.2-5)$$

8）折旧的计算。燃气项目中专用设备和设施等占全部固定资产的比例很大，一般采用综合折旧法计算折旧，计算公式详见综合篇式（2.4.7-3）和式（2.4.7-4），其中综合折旧年限按本篇7.2选取。当采用分类计算法时，各类固定资产折旧年限按照财政部的有关规定执行，若有关类别无明确规定，按本篇7.2选取。净残值率按本篇7.2选取。

9）无形资产和其他资产的摊销。无形资产和其他资产均应按有关规定摊销。原则上无形资产的摊销年限按其合同规定的受益年限和（或）相关法规规定的有效年限中最短者计。当没有规定摊销年限时，摊销年限原则上不应超过10年。

10）总成本费用也可采用“生产要素法”计算，具体内容详见综合篇2.4.7。

（3）经营成本。经营成本是指建设项目在经营期间经常性支出的营运费用，它等于总成本费用减去折旧、摊销费和财务费用（利息支出），其概念详见综合篇2.4.2。

（4）固定成本与可变成本。按与生产或输配能力变化的关系，总成本费用可分为固定成本和可变成本，具体划分如下：

固定成本：生产成本中的生产人员薪酬、其他直接支出、制造费用（折旧费、大修理和维护费、其他制造费用），管理费用（摊销费、其他管理费用），财务费用，相对固定的营业费用等。

可变成本：生产成本中的直接材料、直接燃料和动力、直接消耗材料、随供气量变化的营业费用等。

4. 税费估算。税费应按照国家和地方的相关法规计算。按照现行国家财税会计制度，本篇涉及的主要税种有增值税、城市维护建设税、教育费附加、（经营期进口原材料的）关税、企业所得税、地方性税费等。在特殊情况下（如建设具有联合开发天然气等国家资源性质的项目），也有可能涉及其他税种如资源税、营业税等，须按照国家现行税费制度执行。

（1）增值税。按照国家现行增值税暂行条例的规定，燃气产品属于低税率档次，增值税率为13%，其计算公式为：

$$年增值税应纳税额 = 年销项税额 - 年进项税额 \tag{2.2.2-6}$$

式中　年销项税额的计算公式为：

$$年销项税额 = 年销售燃气量 \times 燃气销售价格 \times 税率（13\%） \tag{2.2.2-7}$$

当项目采用含税价格时，应予以说明，此时的计算公式为：

$$年销项税额 = 年销售燃气量 \times 含增值税燃气销售价格 \times 税率（13\%） \div [1 + 税率（13\%）] \tag{2.2.2-8}$$

年进项税按每年购进的所有原材料、辅助材料和消耗材料时实际支付的进项税额计列。

增值税的计算应注意以下几点：

1）燃气销售价格的含税是指本项目内流通环节包含新增价值的销项税以及购进货物（原材料等）时支付的进项税；不含税是指不包含销项税及进项税。

2）燃气项目购进的货物，如煤、天然气、水、电等多数属于国家特殊生产资料，一些货物在购进时按国家规定并未包含增值税而含有资源税、营业税等其他税种，按增值税抵扣制度（即根据增值税专用发票注明的税款）进行税款抵扣时，应抵扣的进项税额为零。在资料收集阶段应明确购进这些货物时支付的款额中是否包含增值税以及增值税率属于哪一档次。

3）当购进货物种类较多，又因有不同税种或同一税种不同税率，且某些主要购进货物（一般为原材料，如天然气或液化石油气或煤等）的费用占全部购进货物费用的比例较大时，可选择那些主要的购进货物计算抵扣的进项税。

4）当直接利用进口货物如进口天然气、液化石油气作为燃气项目的原材料时，应按照组成计税价格和13%的税率计算应纳增值税额，且不得抵扣任何税额。组成计税价格和应纳税额的计算公式为：

$$组成计税价格 = 关税完税价格 + 关税 + 消费税 \tag{2.2.2-9}$$

$$应纳税增值税额 = 组成计税价格 \times 税率（13\%） \tag{2.2.2-10}$$

式中，因燃气项目使用的原材料不属于消费税征收税目，故消费税额为零。

为正确计算增值税，当间接利用进口货物（如购买进口商提供的原材料）时，应区分出哪些税额是属于应抵扣的进项税额，哪些税额是属于不得抵扣的税额。

（2）城市维护建设税和教育费附加。按照现行国家税收政策规定，燃气项目的城市维护建设税和教育费附加的计税依据均为增值税额。根据建设项目（纳税人）所在地不同，城市维护建设税的税率分别为市区7%，县城和镇5%，其他1%；教育费附加的附加率为3%。

（3）关税。当直接或间接利用进口天然气、液化石油气作为燃气项目的原材料时，应按国家现行的关税暂行条例规定交纳关税。一般燃气项目将进口原材料支付的关税计入原材料价格，进入总成本费用中。

（4）企业所得税。详见综合篇2.4.8。对于有国家或地方政府文件享受减、免所得税政策的项目，应减去可享受的那部分减免税额。

（5）地方性税费。当有相应的地方性税费（如防洪费、交通建设税等）时，应按相关规定执行。

2.2.3 投资使用计划

项目的投资使用计划包括建设投资使用计划和流动资金使用计划。应依据项目建设期以及经营期初（或称投产期，指从项目开始运营达到设计生产和输配能力的年限。下同）各年建设内容和项目所发生费用的需要确定。

燃气项目的达产年一般需要经过较长时期，因此经营期初一般也可能有建设投资的使用。对于新建项目，一般要求在建设期全部或基本完成建设投资计划。为简化计算，也可合理预测建设投资在各年的使用比例来确定其使用计划。

流动资金的筹措应在投产前进行，一般流动资金使用计划从投产（或增量）的第一年开始按生产负荷（或增量）的百分比进行安排。当经营期初较短，同时流动资金是通过扩大指标估算法求得时，为简化计算，也可在投产（或增量）的第一年全部投入使用。

2.3 资金筹措

燃气项目必须落实资金筹措渠道、资金筹措方式和资金到位时间。应进行资金来源可靠性分析、资金结构合理性分析和资金成本分析，并选择融资方案。必要时要进行融资风险分析。分析内容和方法详见综合篇“3 资金来源与融资方案”。

2.4 财务分析

一般宜先进行融资前分析，在融资前分析结论满足要求的情况下，初步设定融资方案，再进行融资后分析。

财务效益与费用分析的内容、指标及其计算、判别基准等按综合篇“4 财务分析”执行。为方便决策，可编制财务分析指标汇总表。

2.5 财务分析报表

燃气项目财务效益与费用分析报表原则上为综合篇所列的全部报表，当有以下情况时，可作适当增减：

（1）若在同一文本其他篇章（如可行性研究报告的投资估算章）中已列建设投资估算表和建设期利息估算表时，可不再重复列此二表。

（2）当采用扩大指标法估算流动资金，且有详细说明时，可不再列流动资金估算表。

（3）原则上采用生产成本加期间费用估算法编制总成本费用估算表。当有困难时，亦可采用生产要素估算法编制。为辅助总成本费用的计算，有必要编制成本费用估算基本数据表，详见本篇附表2。

3 经济费用效益分析

3.1 经济费用效益分析内容

燃气项目经济费用效益分析是通过对比经济效益与经济费用的流量，分析项目的经济盈利能力。燃气项目可在直接识别经济效益与经济费用的基础上进行经济费用效益分析，也可在财务分析的基础上进行调整，然后进行经济费用效益分析。对难以进行定量分析的小型燃气项目，也可只做定性分析。

3.2 直接进行经济效益与费用分析

3.2.1 分析步骤

（1）确定项目分析范围，识别项目的效益与费用。

（2）计算项目的直接费用，包括估算流动资金和经营成本。

（3）计算项目的直接效益。

（4）计算项目的间接费用与间接效益。

（5）编制有关报表，计算相应的评价指标。

（6）编制评价报告。

3.2.2 项目分析范围

燃气项目经济费用效益分析范围是指燃气建设项目产生的经济影响所涉及范围。

当项目外部效果涉及的上、中、下游关系（如因燃气项目的建设和经营，使上游增加气源或原煤供应量而提高了劳动生产率，也使作为下游的工业企业等提高了产品附加值等）十分紧密时，或项目具有联产品关系（如燃气制气过程中同时伴生热、电的三联供项目）且不易划分其费用和效益时，原则上要扩大项目范围“边界”，把相互关联的项目合在一起作为“联合体”进行分析。当确实难以对“联合体”作出定量分析时，可在原来范围内进行分析，并定性分析其外部效果。

当燃气项目中包含长输管线系统且该系统同时为多个城市（城镇）输送燃气时，一般应调整分析范围，可将长输管线系统视为所供区域的综合开发项目的组成部分，其效益与费用应纳入整个区域内进行统一计算和分析。

3.2.3 直接经济费用

燃气项目直接经济费用是指为实现一定燃气量的生产、加工、输配、储存和服务等的功能和效果所增加的资源消耗。一般包括项目的工程建设投入、土地投入、劳动力投入、经营及维护投入的经济费用等。

直接经济费用可分为建设投资直接经济费用、流动资金直接经济费用和经营成本直接经济费用。

（1）建设投资直接经济费用。

1）建筑工程费用。建筑工程费用的测算原则上应按成本分解法计算，当钢材、水泥和木材三大材的耗费在整个建筑工程费用中所占比例较高时，也可简化计算，以三大材、其他主要投入物用量和对应市场价格为基础，用加权平均法测算出综合影子价格换算系数，并用此换算系数计算建筑工程经济费用。

2）设备购置费用。进口设备与材料费用（详见本篇3.3）按货物到岸价或离岸价、影子汇率、运费（按离岸价算时）和贸易费用率计算。国产设备按国内市场供求情况确定影子价格。

3）安装工程费用。按安装工程所耗材料、劳动力等影子价格进行计算。

4）工程建设其他费用。对工程建设其他费用的构成因素（与投资估算相同）按影子价格计算并扣除税金后得到工程建设其他直接费用，其中土地费用按土地影子费用的计算方法计算。

5）预备费。预备费可按上述费用规定的比例计取。

（2）流动资金直接经济费用。从整体经济而言，由于不考虑现金、应收账款和应付账款等属于转移支付的因素，采用详细估算法计算流动资金时，应剔除上述因素。

（3）经营成本直接经济费用。

1）外购原料直接经济费用按本篇“3.2.6 1.燃气项目的货物划分”以及“3.2.6 2.燃气项目货物的影子价格测算”的规定计算。

2）外购燃料、动力和生产消耗材料等经济费用按影子价格计算。

3）劳动力影子费用根据影子工资和劳动定员计算。

4）修理费和其他经营费用按财务分析中相应算法计算。

3.2.4 直接经济效益

燃气项目直接经济效益是指在实现一定燃气量的生产、加工、输配、储存和服务等功能和效果后，项目对经济的新增贡献，即提供一定能源量的资源费用节约及新增价值。

1. 能源资源节约效益。能源资源节约效益是指使用燃气项目提供的燃气能源与此前（无项目）使用其他能源在统一测算基础上资源节约（包括热效率提高的节约，减少生产、加工和运输的损失等）的效益，计算公式为：

$$能源资源节约效益=原消耗一次能源价值-现消耗一次能源价值 \quad (3.2.4-1)$$

式中，消耗一次能源价值等于一次能源耗损总量乘以一次能源到厂（指项目的能源接收点）影子价格，其中的一次能源耗损总量是指为提供给用户相同的终端有效利用能量而需要的全部一次能源量。当一次能源到厂影子价格难以确定时，消耗一次能源价值也可简化计算，即等于一次能源耗损总量乘以一次能源到项目市场价格再减去其中的转移支付。

2. 生产（服务）产生的增加值。生产（服务）产生的增加值是指用户在获得同等有效能量的情况下，“有项目”时生产和服务产生的价值高于“无项目”时生产（服务）产生的价值的那部分价值，计算公式为：

$$增加值=“有项目”生产（服务）价值-“无项目”生产（服务）价值 \quad (3.2.4-2)$$

式中，生产（服务）价值等于用户使用的燃气（料）量乘以其影子价格。当某燃气（料）是以市场价格定价时，该燃气（料）可取市场价格。

3.2.5 外部效果

1. 间接经济费用。燃气项目的间接经济费用包括社会为项目提供能源等资源而增加的能源开采费用、运输费用，以及人工煤气项目产生的废水、废渣排放等造成环境污染治理增加的费用等。由于近年来通过能源价格的调整，以及规定建设项目中必须同时建设“三废”处理设施和噪声防止措施等，使上述“外部效果”得到了内部化处理，因此，燃气项目的间接经济费用一般可以忽略不计。当确实存在没有内部化处理的间接经济费用，能货币化的应列出间接经济费用，不能货币化的必须做定性说明。

2. 间接经济效益。燃气项目间接经济效益显著，很多效益无法计量或用价值形态反映，某些因素虽难以货币化，但能够定量计算时（如减少排污量、节约劳动工日等），则应进行定量分析；当其中一部分能够利用其他途径（如环保、卫生等部门的测算数据）加以货币化时，应计算相应的定量间接经济效益；其余部分仍要进行定性分析。

燃气项目经济效益定性分析一般包括以下几方面内容：

（1）对社会经济的贡献：保障城市或区域能源供应，改善能源结构，促进产业结构调整，完善能源供应基础设施等；促进技术进步，提高产品质量；提高安全性，减少灾害等。

（2）合理利用自然资源：节约能源，节约土地，增加土地开发价值等。

（3）自然及生态环境保护：减少粉尘及有害气体排放，改善空气质量，降低酸雨强度，保护自然景观和历史文化遗迹，促进旅游业发展等。

（4）对社会环境的贡献：减少疾病，延长人民寿命；减少城市（地面）运输，缓解城市交通负担；洁净城市天空，减少废弃物处理等。

3.2.6 投入和产出的影子价格

1. 燃气项目的货物划分。根据货物划分原则，结合燃气项目特点，对燃气项目的货物划分作如下规定：

（1）直接进口的天然气、液化石油气等能源资源为外贸货物投入物，按综合篇相关规定计算后，计入经营成本直接经济费用。

（2）直接进口的设备和材料（如 PE 原料，高强度钢材）为外贸货物投入物，按综合篇相关规定计算后，计入建设投资直接经济费用。

（3）使用国产能源资源（如国产天然气）替代原使用的进口能源资源（如进口天然气和液化石油气）时，替代部分为外贸货物投入物。

（4）确有出口和替代进口产品依据的城市燃气或其副产品，为外贸货物产出物。

（5）一般建筑材料如常规的钢材、木材、水泥等，视为非外贸货物。砂、石等地方性建筑材料为天然非外贸货物。

2. 燃气项目货物的影子价格测算。影子价格测算方法按综合篇规定执行。影子价格的计量单位为人民币（元）。影子价格测算时应注意以下几方面：

（1）一般外贸货物的口岸价格可参考《海关统计》中该货物近年口岸价格预测确定。对进口的能源资源和国内尚无进口先例的特殊货物，可采用国际上有关的贸易刊物发布的预测价，或现行价加上变化趋势，或直接询价获取。

（2）非外贸货物的影子价格应按其经济价值和供求关系确定。

（3）在一般情况下，城市燃气属于供不应求的产品，在确定其影子价格时，应参照国内市场价格并考虑价格变化的可能性和趋势定价，但不应高于质量和热量相同的进口燃气的销售价格；对替代原有燃料市场，使原有燃料企业减产或停产的燃气项目，原则上应按原有燃料的可变成本分解定价；当项目燃气质量比被替代燃料质量高，当地又没有相同质量的燃气可供比较时，可参照周边地区市场价格定价；当城市燃气与其主要替代的原有能源竞争能力相当，使供求情况难以判断时，应取其中价格较低者。

（4）燃气项目能源资源投入物的影子价格可分解为基地影子价（包括井口或矿口价，集输价和处理价）、输送影子价和贸易费用。当难以取得成本分解所需要的资料时，可直接选用能源资源供给部门提供的到厂供应价格。如暂时不能获得该价格时，也可参照市场价格定价。

3.2.7　特殊投入物的影子价格

特殊投入物的影子价格原则上按照综合篇的规定计算。其中，土地的影子价格原则上应根据项目具体情况进行测算，也可以按照下面的原则进行计算：占用农用土地，可参考土地市场价格；占用非农用土地，一时难以确定其“最佳替代用途”时，可参照转让给工业企业的土地使用权费用（出让金）确定。土地新增资源消耗费用按照可能发生的费用计算。

3.2.8　其他有关参数

经济费用效益分析使用的参数有社会折现率、影子汇率换算系数，详见综合篇5.2.1的有关规定。

3.3　在财务分析的基础上进行经济费用效益分析

在财务分析的基础上进行经济费用效益分析，是指先对财务分析中的收入与支出按经济费用效益的计算原则进行调整，再加上外部效果，进而编制相关报表，计算相应指标等的分析。在调整中应注意范围的调整、货物的划分、转移支付的剔除等环节。应调整的效益与费用包括项目的建设投资、流动资金、经营成本和销售收入等，调整原则按综合篇规定执行，并应正确运用本篇3.2中提及的方法，同时要注意以下几点：

1. 国内设备价值用其影子价格进行调整；进口设备应剔除属于转移支付的关税和增值税，并按影子汇率对其价值进行调整。

2. 安装工程费用中材料（如钢管、PE管、储气设备用钢材等）所占比重很大，应按材料的影子价格调整安装工程费用，其中进口材料应先剔除关税和增值税。当设备用材料经过加工成为设备的组装件（如球壳片）并按照整体设备订货进口时，应按上述进口设备的调整方法计算，而不作为安装材料进行调整。

3. 流动资金可按照调整后正常年经营费用的25%直接计取。当财务分析中采用分项详细估算法时，应调整由于流动资金估算基础的变动引起的流动资金占用量的变动。

4. 燃气（销售）影子价格应不含税金。

3.4　经济费用效益分析指标和分析报表

经济费用效益分析的主要指标为经济内部收益率（*EIRR*）、经济净现值（*ENPV*）和经济效益费用比（R_{BC}）等分析指标。上述指标的定义、意义和计算公式详见综合篇5.3。

经济费用效益分析报表按综合篇所列内容编制。为方便决策，可编制经济分析指标汇总表。

4　不确定性分析与风险分析

4.1　不确定性分析与风险分析的作用和内容

项目财务分析和经济费用效益分析是在一个相对固定的“基本方案”，即固定的“数据组”的情况下进行计算、分析和评价的，所采用的数据如建设投资、成本费用、销售价格、生产负荷等，大部分来自预测和估算，有一定程度的不确定性，使得财务分析和经济费用效益分析得到的结论也具有一定的不确定性。为了给燃气项目的决策者提供更加可靠和全面的依据，还需要分析不确定性因素对“基本方案”经济评价指标的影响，进行不确定性分析。

在市场经济体制的条件下，不确定因素变化可能给燃气项目带来不同程度的风险。项目的风险分析应识别这些风险因素，判别风险的影响程度，提出规避风险的对策措施。

进行不确定性分析和风险分析，能够从一定程度上估计项目可能承担的风险，确定项目在财务、经济上的可靠性。风险分析内容和相关计算方法按综合篇“7　不确定性分析与风险分析”执行。进行不确定性分析和风险分析时应注意约束条件（如与气源供应部门按“照付不议”签订的合同条件）对不确定性分析的影响和风险转嫁。

4.2　不确定性分析

4.2.1　盈亏平衡分析

燃气项目的盈亏平衡分析一般应计算生产能力利用率（或称达产率）、产量（或称销售能力）、销售价格等表示的盈亏平衡点。

生产能力利用率的盈亏平衡点（百分比）反映了产量的盈亏平衡点与设计生产能力之间相对的盈亏平衡关系。按综合篇相关原则，可选取总成本最高年份或最不利年（当年的还款最多、利润最少等）作为代表年。原则上应在代表年计算盈亏平衡点。燃气项目评价报告中原则上应绘制盈亏平衡分析图。

4.2.2　敏感性分析

燃气项目在建设期以及运营期内可能发生变化的因素较多，主要有建设投资、建设工期、燃气销售价格、主要原材料（如天然气、液化石油气、煤等）价格、燃气生产和输配量（生产负荷）、达产年限等。根据燃气项目的特点，一般可选择建设投资、燃气销售价格（或影子价格）、可变成本、经营成本这四种因素作为主要因素。当燃气项目“基本方案”的建设期和（或）达产年限属于“乐观性”年限（或称为相对较短年限）时，原则上应当将达产年限（的延长）作为不确定性主要因素。

敏感性分析通常是分析这些因素单独变化或多因素变化对内部收益率（包括财务内部收益率和经济内部收益率）的影响。必要时也可以分析对静态投资回收期的影响。

燃气项目一般分析单因素变化的影响。当需要分析双因素变化的影响时，为加强对风险的认识，同时也减少某些不必要的双因素组合计算量，应选择两个负面影响最大、相关性较弱的影响因素进行组合。

燃气项目敏感性分析中年限影响因素的变化幅度为延长 1 年、2 年和 3 年的建设期或

（和）达产年限，其他影响因素的变化幅度一般为 ±5%、±10% 和 ±15%，也可为 ±10%、±20% 和 ±30%。

燃气项目的评价报告中原则上应绘制敏感性分析图。

4.3 风险分析

燃气项目风险分析中，应对影响燃气项目费用效益的风险因素进行识别。能够定量分析的应进行定量分析，不能够定量分析的应进行定性分析。风险分析的重点是提出应对的措施和方案。

4.3.1 风险因素识别

燃气项目中的风险可划分为资源风险、市场风险、工程建设风险、融资风险和其他风险。

1. 资源风险。如资源开采、生产、运输能力不足，或因不可抗力因素使供应全面中断而导致项目储备能力不足，原材料价格增长幅度较大等。资源供应质量较差、依赖于外部的条件不足（如气源调峰等）等虽不构成严重风险，但也应予以重视。

2. 市场风险。影响燃气项目的市场风险因素很多，应结合项目实际情况分析，如燃气缺乏市场竞争能力，市场推广不力，市场预测过于乐观，市场方针出现偏差等。在市场竞争中，销售价格是燃气与其他燃料或动力竞争的重要因素，应在分析中特别加以注意。

3. 工程建设风险。如建设工期过于乐观，不能按预期投产；建设内容发生重大变化，建设投资增加；因工程建设原因达不到设计供应能力等。

4. 融资风险。主要有建设资金和流动资金不能到位，利率、汇率变化的损失，筹资条件发生重大变化的损失等。

5. 其他风险。如政策、法律、投资环境等方面的影响。

4.3.2 风险等级

风险等级划分详见综合篇 7.5。

4.3.3 风险定量分析

燃气项目风险分析通常采用概率树分析方法，计算项目净现值的期望值及净现值大于或等于零时的累计概率。累计值越大，说明项目承担的风险越小。也可以通过模拟法（蒙特卡洛法）测算项目评价指标（如内部收益率）的概率分布。

5 方案经济比选

5.1 方案经济比选的作用

燃气项目的方案经济比选，首先是从市场机会和技术决策上提出几个备选方案（如不同的气源、工艺路线、工艺流程、主要设备选择、站址选择、可持续程度等）进行技术选择，再结合投资估算和资金筹措方案做进一步的技术经济评价，然后对可比性较强的少数方案进行详细的经济计算，最后结合前述因素和其他因素详细论证比较，选出其中的最优方案。

经济计算结果是方案经济比选的主要依据，备选方案均应满足项目财务生存要求。对产出物基本相同（如各方案供应的燃气具有互换性），投入物构成基本一致（如均主要使用液化石油气或煤）的方案进行比选时，可只通过财务分析结果确定优选方案。

5.2 比选类型

1. 经济因素类型。全部因素比选，按各个方案所含的全部因素（相同因素和不同因素）计算各方案的全部经济效益和费用，进行全面计算和总体对比。

相异因素比选，不计各个方案相同的因素（如每个方案的后方设施、劳动定员、土地费用等均相同时），只对各个方案所含的不同因素计算各方案的相对经济效益和费用，进行全面计算和总体对比。

2. 项目构成类型。

（1）整体方案比选：对构成项目的全部内容进行效益和费用的比较。

（2）局部方案比选：对项目中相对独立的子项（如管网、储配站）进行经济费用比较。

5.3 方案经济比选的定量方法

方案比选的各种定量方法及其适用条件、计算公式和比较标准，详见综合篇“8 综合经济比选”。

5.4 定性比选

若备选方案的定量比选结论均表明经济合理，但获得相应技术和设备的难易程度不同，或风险性有差异时，应对采用的工艺技术成熟性、设备来源可靠性、运行管理难易程度、对外依赖性、安全性以及生产和服务质量优劣性等提出定性分析和比较。

5.5 方案比选应注意事项

1. 判断各个方案之间的可比性时，应遵循效益与费用计算口径对应一致的原则。特别是采用局部的、相异的内容和因素进行方案经济比较时更应该注意，必要时应适当调整相关效益和相关费用。

2. 要根据方案的实际情况（计算期是否相同，资金有无约束等）选用适当的比较方法和指标。

3. 局部方案比较结果与整体方案比较结果可能会有矛盾，这种情况下应以整体方案比较结果为依据，再进一步分析局部方案的合理性和经济性，必要时应对局部方案进行调整，使整体方案趋于最优。

6 改扩建项目经济评价方法

6.1 改扩建项目经济评价内容

燃气改扩建项目的经济评价内容与一般新建项目的评价内容相同，包括财务分析、经济费用效益分析、不确定性分析与风险分析三大部分，必要时应结合技术、资金筹措等因素进行方案经济比选。

6.2 改扩建项目效益与费用

改扩建项目的效益可能表现在以下一个或几个方面：增加产量或输配能力、改换燃气种类、提高供气质量、降低能耗、综合利用资源、提高技术装备水平、改善劳动条件或减轻劳动强度、保护环境、节约能源等。

改扩建项目的费用（代价）不仅包括新增投资、新增经营费用，还包括由于项目建设可能带来的停产或减产损失，以及原有固定资产（不继续利用部分）拆除费用等。

正确识别和计算改扩建项目的效益与费用是做好改扩建项目经济评价的前提。拟建项目所有效益与费用均应反映在项目经济评价中，能够定量计算的均应列入计算内容，否则应作定性描述。

6.3 评价方法

改扩建项目的盈利能力分析应采用“有无对比”法，以增量指标作为判断项目财务可行性和经济合理性的主要依据。必要时，也可计算项目的总量效益指标。

进行“有无对比”、增量计算时，可选用以下两种方法之一：

1. 先分别识别和计算“有项目”和“无项目”两种情况下的效益与费用，然后通过这两套数据的差额（即增量数据），计算出增量指标。

2. 有些改扩建项目，如城市新区燃气管网，新建第二气源，新建城市燃气的长输管线，增建汽车加气站等项目，其效益及费用能够与原有企业分开计算的，可按新建项目处理。或企业改扩建后的资产、生产和输配能力以及销售收入规模等均大于原有企业的3倍以上，且原有企业的财务状况对改扩建项目影响较小时，一般可按新建项目进行评价，原有资产在按等价原则作价后，可作为项目的初期投入。

6.4 基础数据

改扩建项目经济评价要按“无项目”、“现状”等情况收集、整理和使用有关效益与费用的基础数据，结合估算出来的改扩建部分的数据，测算“有项目”数据，从而获得评价中所需计算的增量数据。基础数据包括“现状”数据、“无项目”数据、“有项目”数据、新增数据和增量数据五种，其定义详见综合篇9.2。

6.5 计算范围

在“有项目”与“无项目”两种情况下，效益与费用的计算范围、计算期应保持一致，才具有可比性。计算期按综合篇的原则确定。计算范围一般可分为以下三种情况：

1. 总体改扩建项目、改扩建范围较大或对生产和输配的影响较大的项目，如输配系统改造、燃气转换等项目，应确定为整个原有企业的范围。

2. 相对独立的局部改扩建项目，其效益和影响可以单独计算或经过适当的分离后可以单独计算，项目评价和计算范围可以确定为项目局部本身，如城市新区燃气管网建设，新建第二气源，新建长输管线，增建汽车加气站，增添自动化管理系统等项目。

3. 不独立的局部改扩建项目，改扩建部分涉及企业全局或借助原有基础和组成部分，项目的费用和效益（特别是效益）与企业的费用和效益难以分开时，项目评价和计算范围应为整个原有企业的范围，如新建和增建储配站，扩大供气范围和供气对象等项目。

6.6 投资估算

改扩建项目经济评价所涉及的投资由新增投资和项目范围内原有资产价值两部分组成，其中新增投资包括新增建设投资、新增流动资金和新增建设期利息。建设期利息的估算仅指新增借款的部分。项目范围内原有资产价值（账面净值或重估值）应在基础资料收集阶段获取。

6.6.1 建设投资估算

改扩建项目建设投资估算包括新增建设投资、“有项目”建设投资、“无项目”建设投资，以及增量建设投资的计算等。

1. 新增建设投资估算。改扩建项目需要单独估算新增建设投资，估算方法与一般新建项目相同，但应注意包括扩建新增部分、老系统改造部分、原有设施配套补充、原有不可利用固定资产拆除及少量建筑还建等方面的费用。

2. “有项目”建设投资估算。“有项目”投资为新增建设投资和可利用原有资产价值之和。当不涉及产权转移时，原有可利用资产价值采用原值（或净值）或重估值计算。改扩建项目时，项目范围内的资产可能被继续利用，也有可能不再利用。计算“有项目”建设投资时，原有资产无论利用与否，均与新增建设投资一起计入投资费用。不再利用的资产如果变卖，其价值按变现净值和变卖时间另行计入现金流入栏目，一般不采取冲减新增建设投资的做法。

3. “无项目”建设投资估算。“无项目”建设投资不仅包括原有资产，还包括为维持项目继续运营而需采取的措施（包括正常的设备更新）所投入的资金。

4. 增量建设投资计算。增量建设投资是“有项目”建设投资和“无项目”建设投资的差额。

6.6.2 流动资金估算

改扩建项目亦需要估算流动资金。应分别估算“有项目”的流动资金和“无项目”的流动资金，“有项目”和“无项目”流动资金的差额即为增量流动资金。经营成本流动资金占有率的取值可参考原有企业数据。

6.6.3 停产（减产）损失的处理

燃气项目不允许停产或减产，通常不需要进行停产或减产的处理。当确有此类损失时，按综合篇 9.8 相关内容执行。

6.7 改扩建项目财务分析和经济费用效益分析指标与报表

改扩建项目财务分析和经济费用效益分析指标与报表相同于新建项目的相关指标与报表。在报表中，效益与费用宜分别单列“有项目”与“无项目”的现金流入与流出。

7 评 价 参 数

7.1 经济费用效益分析参数

用于经济费用效益分析的社会折现率、影子汇率换算系数和影子工资换算系数等，采用国家有关部门规定的数值。

7.2 财务分析参数

1. 财务基准收益率。根据燃气项目特征不同，财务基准收益率（融资前税前）的参考值为：

人工煤气、矿井瓦斯和有政府投资的项目为6%。

天然气、液化石油气项目为8%。

2. 财务基准投资回收期。根据燃气项目特征不同，财务基准投资回收期（P_c）为：

人工煤气、矿井瓦斯和有政府投资的项目为15年。

天然气、液化石油气项目为12年。

3. 其他参数。

（1）折旧年限：

1）综合折旧年限。按照工业企业固定资产分类折旧年限的规定，在公用事业企业专用设备中，燃气设备的折旧年限为16～25年。在此范围内，可将项目评价时的项目生产运营期确定为综合折旧年限。

2）分类折旧年限。工业建筑折旧年限按项目的生产运营期确定；民用建筑折旧年限为30年。

财政部颁发的有关规定中没有明确燃气专用设施折旧年限的，可按该类设施的生命周期确定其折旧年限，也可参照下表取值。

燃气项目固定资产折旧年限表

名　　称	折旧年限（年）	名　　称	折旧年限
制气设备	18～20	钢管	20～30
净化设备	16～18	PE管	30～40
高压储气设备	20～25	铸铁管	30～40
低压储气设备	25～30	输配设备	16～20
燃气压缩设备	16～20	自控电子设备	5

（2）净残值率：根据国家有关部门的规定，燃气项目固定资产报废时的净残值（即残值减去清理费用）率为4%。

（3）流动资金估算的最低周转天数和周转次数：

1）应收账款和预收账款。应收账款最低周转天数为30，周转次数为12。预收账款周转次数按约定的年预收次数计，无约定时取12；采用全额预收（如IC卡）方式时可按年资金交割次数作为周转次数，也可取12。

2）存货。原材料：指外购原料煤、天然气、LPG、矿井瓦斯等。最低周转天数为原材料运输、中转和备用储存（调峰储存除外）的数量与年平均日产量所需原材料量的比值，应根据实际情况测算。管道输送的原材料周转天数近似为1，周转次数为360。

燃料：指外购动力、水、油等。燃气项目经营期间所需要的动力和水等基本上是依赖于城市供电网和供水管网，需要的其他燃料较少，因此，外购燃料存货周转天数近似为

1，周转次数为360。

在产品及产成品：主要指制气设备、储气设施和管道中的燃气，以及出厂前的副产品等。燃气项目中，制气设备和管道中的燃气周转天数近似为1，周转次数为360；储气设施中的燃气分为两种情况，时（日）调峰储气设施最低周转天数为1，周转次数为360，季节调峰储气设施最低周转天数为365，周转次数为1；出厂前的副产品一般最低周转天数为30，周转次数为12。

3）现金。最低周转天数为30，周转次数为12。

4）应付账款和预付账款。周转次数分别按约定的年应结账和预付账次数计，无约定时取12。采用全额预付（款到货发）时可按预计的付款次数作为预付账款的周转次数。

（4）修理费率：大修理费率指年固定资产维修费用占年固定资产折旧的比例，以百分数表示。燃气项目的年大修理费率为50%。

（5）其他制造费率：按生产成本加期间费用法估算总成本费用时，综合篇表7中“其他制造费用”应根据实际发生或存在的情况测算，当无相应资料时，可取其他制造费率为10%，并以制造费用中的修理费为基数进行估算。

（6）投资人最低可接受收益率：按投资者意愿或按综合篇4.3.1的要求确定。

附表1　现行价格计算表

序号	用户分类	年供气量（万米^{3}或吨/年）	占年总供气量比重（%）	现行价格（元/米^{3}或吨）	年营业收入（万元/年）	占年营业总收入比重（%）	加权后现行价格（元/米^{3}或吨）
1	居民用户						
2	公共福利用户						
3	商业用户						
4	燃气空调						
5	燃气采暖						
6	工业用户						
7	CNG用户						
8	未预见量						
9	合计						

注：根据需要可增减项目。某类用户加权后现行价格＝该类用户年供气量占总供气量比重（%）×该类用户现行价格÷100。加权后现行价格的合计即为项目现行价格。

附表2　成本费用估算基本数据表

序号	名称	单位	数量	备注
1	正常年购气（LPG、煤）量	万米^3（吨）/年		
	购气（LPG、煤）单价	元/米^3（吨）		
2	生产用自耗量	万米^3（吨）/年		
3	经营损耗率	%		基数：外购原材料量

续表

序号	名　　称	单 位	数量	备　　注
4	正常年设计供气规模	万米^3/年		
	年平均日供气量	万米^3/日		
5	年耗电量	万度		
	电费单价	元/度		
6	年耗水量	万吨		
	水费单价	元/吨		
7	职工定员	人		
	职工薪酬	元/人·年		
8	固定资产原值	万元		
9	综合折旧年限	年		
	残值率	%		
10	大修费率	%		基数：折旧费
11	无形资产	万元		
	无形资产摊销年	年		
12	其他资产	万元		
	其他资产摊销年	年		
13	其他费用	万元		
14	建设项目总投资	万元		
	其中建设投资	万元		

注：根据需要可增减项目和调整单位大小。

附录

项目基础资料

项目基础资料包括社会经济资料和项目资料两方面内容。社会经济资料是指与项目建设环境和背景有关的社会经济信息，它帮助评价人员或决策者分析项目的目标是否能够实现；项目资料是指项目测算和评估时应具有的资料。

1. 社会经济资料收集应当包括的内容

（1）项目所在地的社会经济状况。当前社会经济状况，近年来的增长情况和发展对比，发展规划。包括国民生产总值、人均总产值、国内生产总值及三个产业的构成比例，工业总产值，人口，城市规模和基础设施状况，居民人均收入和支出，家庭燃料费用支出等。当地政府和人民对项目建设的态度，燃气资源利用的可持续性，资源供求关系，项目建成后资源分配的公平性。

（2）财税制度。国家和地方的税收制度和可用于燃气项目的优惠政策；可采用的经营体制和相应的税收政策。

（3）燃气行业经济状况。当地或可供参照的现有燃气行业的建设、营运状况，包括行业技术经济指标，成本与效益，盈亏状况，重要参数和经验等。未来各类燃气用户当前所用燃料的现行价格及其变化情况，价格形成机制。

2. 项目资料收集应当包括的内容

（1）建设费用计算资料。估算或概算编制依据，采用的主要定额指标；主要设备和材料的供应价格，包括国内外市场价格和国家制订的现行价格；拟外购的生产用原材料及其已纳税税种和税率；改扩建项目的原有资产价值。

（2）资金筹措方面的资料。可供选择的资金筹措渠道及其参数、特点等。

（3）其他资料。项目前一时期的相关研究报告，同类项目的可行性研究报告等。

3. 项目资料收集中的几个具体规定

（1）燃料价格。燃料价格是指拟建的燃气项目建成后被替代的燃料的现行价格，或者是与拟建项目相同气源的价格（包括燃料到项目所在地的价格和供应至用户终端的价格）。收集资料时应按城市燃气用户类型如居民、商业、采暖与制冷、工业、交通等进行分类。应收集各种燃料在通用计量状态下的热值和单位价格，以便进行等热值换算。

（2）行业经营指标。对已使用燃气的城镇，应收集以下经营指标：原有燃气的投入产出比；产销差率及其原因；购销差率；城市燃气从业人员平均薪酬；企业合法留存的各种基金和相应比例等。对为拟建项目承担融资责任的企业，还应当收集其资产状况和近年来的负债状况。

（3）资料收集时限。原则上应收集可行性研究报告编制年度前 5 年的历史资料和后 10 年的规划或发展计划资料。

垃圾处理篇

1 总　　则

1.1 编制目的和依据

为规范城市生活垃圾处理项目经济评价方法，提高经济评价的质量和项目决策的科学化、规范化水平，根据国家发展和改革委员会、建设部发布的《方法与参数》（第三版），在《市政项目方法与参数（综合篇）》基础上，制定《市政项目方法与参数（垃圾处理篇)》。

1.2 适用范围

本篇适用于新建、改扩建垃圾处理项目的前期（包括规划、机会研究、项目建议书和可行性研究阶段）经济评价，其中规划、机会研究、项目建议书阶段可适当简化。项目中间评价和后评价可参照使用。

1.3 项目特点

城市生活垃圾处理通常包括垃圾收集运输（包括中转运输）和处理处置两部分，垃圾处理处置通常采用卫生填埋、焚烧和堆肥（也称机械生物处理）处理工艺。垃圾处理处置一般还包括垃圾的回收利用。随着垃圾管理水平的提高和垃圾处理技术的发展，垃圾处理项目涉及越来越多的内容，如：垃圾中转站、焚烧制能、填埋气体发电、餐厨和粪便垃圾处理等。根据建设内容，垃圾处理项目基本可划分为两大类：一类是收集运输项目，另一类是垃圾处理场（厂）。

垃圾处理项目属于环保型项目，在国民经济发展中社会效益、环境效益十分显著。

垃圾处理项目通常属于市政项目分类中第二类项目，即有收费机制和营业收入的项目，但因政策性原因造成收费不到位，难以补偿项目运营成本、回收投资，需要政府在一定时期给予运营补贴。对于全部由政府投资建设，并给予长期运营补贴，不实行收费的项目，可列为第三类市政项目。实行特许经营的项目属于第一类项目。

1.4 评价内容

垃圾处理项目经济评价一般包括财务分析、经济费用效益分析、不确定性分析与风险分析，以及方案经济比选等内容。

由于垃圾处理收费标准是政府根据地区经济发展水平、居民收入水平和消费水平确定，多数项目目前尚不能做到全部成本回收，还需要政府补贴和优惠政策支持。在评价工作中，对于政府直接投资的项目，以财务生存能力分析（资金预算平衡）为重点；对于社会投资的项目，以保本微利为原则，测算政府对垃圾处理项目的补贴标准，并结合现行垃圾处理收费状况、政府补贴的支付能力等进行分析，以满足项目的投资决策要求。

经济费用效益分析应重点关注垃圾处理项目显著的外部效果，一般予以定性分析，有要求时可进行定量分析。

1.5 评价原则

垃圾处理项目经济评价应遵循有无对比、效益与费用计算口径对应一致、定性分析与定量分析相结合的原则。

1.6 评价结论

财务分析结论可行的项目应予通过；财务分析结论不可行的项目，在经济费用效益分析得出合理结论的基础上，应重新考虑财务方案，提出可行的措施建议，使项目具备财务生存能力。

1.7 计算期

计算期包括项目建设期和运营期，建设期根据项目的实际情况确定；运营期一般不超过20年，且不得短于贷款偿还期。对于特许经营项目，计算期应与合同规定的经营期一致。

1.8 评价参数

用于经济费用效益分析的社会折现率、影子汇率换算系数等，采用国家有关部门规定数值；

用于财务分析的财务基准收益率、基准投资回收期等行业参数可参考本篇给出的数值；

其他参数可由项目评价人员根据项目的具体情况自行测定，或采用本篇提供的数值。

1.9 新建与改扩建项目的界定

新建垃圾收集运输及处理项目，按新建项目进行经济评价。

在现有（既有）垃圾处理场（厂）基础上扩建或技术改造的项目为改扩建项目。

在现有（既有）垃圾收集运输系统中，新建垃圾转运站等，可按新建项目进行经济评价。

1.10 本篇与综合篇配套使用

2 财务分析

2.1 需求量分析

垃圾处理项目建设规模（日处理量）、服务面积、服务人口、单位服务面积的垃圾收集与转运系统、处理（工艺）方式、远期发展预留用地等，都在城市（或地区）垃圾处理专项规划中基本确定。项目建议书和可行性研究报告有关章节中，在规划基础上结合现实需要，对需求量进行了详细分析，在经济评价中可参照使用。

2.2 价格测算

垃圾处理项目预期财务价格是指能保证项目投资与运营成本全额回收并有微利时项目产出应当实现的价格，其测算原则详见综合篇2.2.2。

项目预期财务价格（收费标准）应根据项目投资主体选用不同的测算方法：政府直接投资项目应选用类比价格法，参考行业主管部门核准的单位垃圾处理补贴标准，结合项目具体情况进行测算；社会投资项目宜选用合理收益定价法，设定的收益率应能被政府和投资方所接受。

2.3 运营计划

根据工艺专业制定的运营计划，确定分年运营负荷，计算营业收入。

2.4 效益估算

垃圾处理项目的财务效益（营业收入）是指垃圾收费、补贴收入、碳减排收入和产品销售收入。

垃圾收费包括服务区域内所有用户应缴纳的垃圾处理费。补贴收入指运营期内政府给予的补贴。碳减排收入指由于填埋气体回收，减少向大气排放而获得国际碳基金的交易权收入。产品销售收入包括出售垃圾处理产生的蒸汽、发电、肥料，以及分拣出可回收利用的废旧原材料等所获得的收入。

1. 垃圾处理费 = 垃圾处理厂服务范围内日产垃圾量 × 收费标准　　(2.4-1)
2. 沼气发电收入 = 沼气发电量 × 电力部门上网价格或用户可接受价格　　(2.4-2)
3. 垃圾焚烧发电收入 = 垃圾焚烧发电量 × 电力部门上网价格或用户可接受价格　　(2.4-3)
4. 蒸汽收入 = 垃圾焚烧产生蒸汽量 × 用户可接受价格　　(2.4-4)
5. 肥料收入 = 肥料生产量 × 市场价格　　(2.4-5)
6. 回收废旧材料收入 = 废旧材料回收量 × 市场价格　　(2.4-6)
7. 碳减排收入为项目减少甲烷等有害气体排放而获得国际碳基金的交易权收入。
8. 补贴收入。

采用填埋工艺，效益主要是1、2、6、7、8项；采用焚烧工艺，效益主要是1、3、4、6、8项；采用堆肥工艺，效益主要是1、5、6、8项。

2.5 费用估算

垃圾处理项目的费用包括项目投资、成本费用和税金。费用估算步骤是：建设投资、经营成本、流动资金、建设期利息和其他融资费用、总投资和总投资形成的资产、总成本费用、税金。

2.5.1 建设投资

建设投资由工程费用（建筑工程费、设备工器具购置费用、安装工程费）、工程建设其他费用、预备费（基本预备费和涨价预备费）组成。

对于采用填埋处理工艺的项目，终场封场费用不应计入工程投资，可作以下处理：当终场封场在填埋场达到使用年限一次完成时，终场封场费用应重新立项，不计入项目总投资；当终场封场在填埋场使用年限内分期实施时，可按实施计划估算费用，分别计入每期运营期末的经营成本。

2.5.2 经营成本

经营成本可用下式计算：

$$经营成本 = 外购原材料、燃料和动力费 + 职工薪酬 + 修理费 + 其他费用 \quad (2.5.2)$$

式中，其他费用是指从制造费用、管理费用和营业费用中扣除了折旧费、摊销费、修理费、职工薪酬以后的其余部分。

2.5.3 流动资金

流动资金是指运营期内长期占用并周转使用的营运资金。流动资金估算可选用扩大指标法或分项详细估算法。

1. 扩大指标法。扩大指标法采用按经营成本资金率进行估算，计算公式为：

$$流动资金 = 年经营成本 \times 经营成本资金率 \quad (2.5.3-1)$$

式中，经营成本资金率是指一定时期（通常为1年）内流动资金与经营成本的比率。根据现有运行项目的资料测算，可采用20%～30%，不同工艺可根据具体情况选用。填埋项目宜取下限20%，焚烧工艺设计中要求飞灰固化处理的，采用上限30%。

2. 分项详细估算法。分项详细估算法详见综合篇2.4.3。

$$周转次数 = 360 \div 最低周转天数 \quad (2.5.3-2)$$

最低周转天数按实际情况并考虑一定安全系数确定。应收账款、存货、现金、应付账款的最低周转天数可根据项目具体情况确定。

一般情况下，应收账款最低周转天数为30天或60天；存货最低周转天数为90天或120天；现金最低周转天数为45天；应付账款最低周转天数为30天或60天。

2.5.4 建设期利息

详见综合篇2.4.4。

2.5.5 项目总投资和总投资形成的资产

详见综合篇2.4.5和2.4.6。

2.5.6 总成本费用

总成本费用是指项目在运营期内为生产产品和提供服务所发生的全部费用。

垃圾处理总成本费用估算采用生产要素估算法。总成本费用包括生产产品和提供服务过程中消耗的外购原材料费、燃料及动力费，残渣（或筛上物）与飞灰处理费，职工薪酬，修理费，固定资产折旧费，无形与其他资产摊销费，财务费用及其他费用等。

1. 外购原材料费、燃料及动力费、残渣（或筛上物）及飞灰处理费。处理垃圾所需外购原材料、燃料、药剂、动力及辅助材料，残渣（或筛上物）、飞灰处理等消耗量由相关专业提供，单价采用项目所在地的市场价格。本篇按填埋、焚烧、堆肥三种常规处理工艺详述如下：

（1）填埋工艺：

1）外购原材料费包括购置垃圾导气管及石笼、中间覆盖土或覆盖膜、临时道路铺筑材料以及药剂等所需费用。其表达式为：

$$外购原材料费 = a_1 \times b_1 + a_2 \times b_2 + a_3 \times b_3 + \cdots \quad (2.5.6-1)$$

式中　a_1、a_2、a_3⋯——各种原材料费所需用量；

b_1、b_2、b_3⋯——各种原材料费单价。

2）燃料费为垃圾场运行中所需油耗费用，其表达式为：

$$燃料费 = 填埋机械及运输设备每100千米油耗 \times 燃料单价 \times 运行千米数 \quad (2.5.6-2)$$

3）动力费（电费），其表达式为：

$$电力费 = 基本电费 + 电度电费 \quad (2.5.6-3)$$

$$基本电费 = 用户用电容量 \times 基本电价（元/kV \cdot A \cdot 月）\times 12月 \quad (2.5.6-4)$$

$$电度电费 = 运行耗电量（kW \cdot h/年）\times 电度电价（元/kW \cdot h） \quad (2.5.6-5)$$

用户用电容量按变压器容量或最大需量计算。最大需量是指客户在一个电费结算周期内，每单位时间用电平均负荷的最大值。

（2）焚烧工艺：

1）外购原材料费包括助燃材料、石灰、烧碱、活性炭及其他药剂等所需费用。其表达式为：

$$外购原材料费 = a_1 \times b_1 + a_2 \times b_2 + a_3 \times b_3 + \cdots \quad (2.5.6-6)$$

式中　a_1、a_2、a_3⋯——各种原材料费所需用量；

b_1、b_2、b_3⋯——各种原材料费单价。

2）动力费（电费）表达式同式2.5.6-3。

3）残渣填埋费，包括运输及消纳费。其表达式为：

$$残渣填埋费 = 残渣量 \times 残渣处理单价 \quad (2.5.6-7)$$

4）飞灰处理费，包括运输及消纳费。其表达式为：

$$飞灰处理费 = 飞灰量 \times 飞灰处理单价 \quad (2.5.6-8)$$

（3）堆肥工艺：

1）外购原材料费包括垃圾制肥过程中购置的秸秆、树叶、尿素以及其他添加剂、药剂等所需费用。其表达式为：

$$外购原材料费 = a_1 \times b_1 + a_2 \times b_2 + a_3 \times b_3 + \cdots \quad (2.5.6-9)$$

式中　a_1、a_2、a_3⋯——各种原材料费所需用量；

b_1、b_2、b_3⋯——各种原材料费单价。

2）动力费（电费）表达式同式2.5.6-3。

3）筛上物处理费，包括运输及消纳费。其表达式为：

$$筛上物处理费 = 筛上物量 \times 筛上物处理单价 \quad (2.5.6-10)$$

2. 固定资产折旧费。固定资产折旧是将原值在有效使用年限内，转移到产品（或服务）成本中，通过营业收入回收资金。固定资产折旧采取不同的方式，将影响项目还款资金以及效益。在垃圾处理项目中可采用分项计提和综合折旧两种方法。通常在没有具体要求时，可采用综合折旧方法。

分项计提折旧：各类固定资产（构建筑物、主要生产设备、电气自控、化验设备以及与生产经营有关的器具、工具、家具以及渗滤液处理设备等）折旧所采用的方法、年限应与国家相关文件规定保持一致。

综合折旧：采用平均年限法，净残值率为4%，综合折旧年限按固定资产平均折旧年限，或项目经济寿命期，超过20年时按20年计。

固定资产折旧费 = 固定资产原值 × 年综合折旧率　　(2.5.6-11)

3. 无形资产与其他资产摊销。在垃圾处理项目中无形资产与其他资产摊销采用平均年限法，其净残值为0，无形资产和其他资产摊销年限取10年，年摊销率为10%。

无形资产摊销费 = 无形资产 × 摊销率　　(2.5.6-12)

其他资产摊销费 = 其他资产 × 摊销率　　(2.5.6-13)

4. 职工薪酬。计算公式为：

职工薪酬 = 年人职工薪酬 × 设计定员人数　　(2.5.6-14)

该项费用应根据项目所在地具体情况确定，或由项目业主提供。

5. 修理费。计算公式为：

修理费 = 固定资产原值 × 修理费率　　(2.5.6-15)

用于计算修理费的固定资产原值应扣除所含的建设期利息。修理费率取1.0% ~ 2.4%。

6. 其他费用。其他费用可按上述5项费用之和的8% ~12%的比例计取。

7. 财务费用。计算公式为：

财务费用 = 长期借款利息 + 流动资金借款利息 + 短期借款利息　(2.5.6-16)

8. 固定成本与可变成本。在总成本费用中，随垃圾处理量增减而增减的费用称为可变成本，包括外购原材料费、燃料及动力费、药剂费等；与垃圾处理量变化无关的费用部分称固定成本，包括职工薪酬、固定资产折旧费、无形资产与其他资产摊销费、修理费、财务费用和其他费用。

9. 税金。垃圾处理项目涉及的税费为营业税、所得税、增值税、城市维护建设税和教育费附加。应根据相关税法、国家和地方的相关政策选用适宜的税种和税率。如有减免税优惠，应说明依据及减免方式并按相关规定执行。

（1）营业税计算公式为：

应纳税额 = 营业收入 × 适用税率　　(2.5.6-17)

营业额按营业收入计，适用税率按项目所在地具体选用。

（2）城市建设维护税计算公式为：

应纳税额 = 营业税额 × 适用税率　　(2.5.6-18)

城市建设维护税适用税率按项目所在地具体选用。

（3）教育费附加计算公式为：

应纳税额 = 营业税额 × 适用税率　　(2.5.6-19)

教育费附加适用税率按项目所在地具体选用。

（4）企业所得税计算公式为：

应纳税额 =（年度收入总额 - 营业税金及附加 - 总成本费用 - 营业外净支出 - 弥补上年亏损）× 适用税率　　(2.5.6-20)

弥补上年亏损期限为5年之内。

企业所得税适用税率为25%。

2.6 财务效益与费用估算报表

财务效益和费用估算报表详见综合篇2.5。

2.7 资金来源与融资方案

垃圾处理项目资金来源渠道为项目资本金（权益资金）和债务资金。为了保证项目能够顺利实施，降低资金使用成本，应对融资方案资金来源的可靠性、资金结构的合理性、融资成本高低和融资风险大小等进行综合分析，结合融资后财务分析，比选确定融资方案，编制分年度投资使用计划与资金筹措表。具体内容详见综合篇“3 资金来源与融资方案”。

2.8 财务分析

2.8.1 财务分析内容

垃圾处理项目财务分析内容包括财务生存能力、偿债能力、盈利能力。垃圾处理项目是为社会提供服务，以环境保护为目的的非营利项目，以政府投资为主，社会投资为辅。

为避免项目建成后无法持续运营，财务分析应进行财务生存能力分析和偿债能力分析，对于营业收入不足以补偿成本的项目，应估算运营期各年所需的政府补贴数额，并进行政府补贴的可靠性分析。

对于营业收入足以补偿成本的项目，表明项目有财务生存能力并可能有盈利能力，其财务分析应在生存能力分析的基础上进行偿债能力分析和盈利能力分析。

2.8.2 财务生存能力分析

财务生存能力分析，是通过编制财务计划现金流量表，计算项目投资、融资和经营活动所产生的各项现金流入和流出，计算净现金流量和累计盈余资金，分析项目是否有足够的净现金流量维持正常运营，以实现财务可持续性。

2.8.3 偿债能力分析

偿债能力分析通过编制借款还本付息表和资产负债表，计算相关指标来进行。可用于还款的资金来源主要包括息税后利润、折旧费和摊销费。还款资金不足时，可通过短期融资或从原有企业取得可供还款的资金，以满足资金偿还需求。在某些情况下，既有法人项目的偿债能力分析可包括企业原有借款。

偿债能力的分析指标有利息备付率、偿债备付率、资产负债率。判定条件是利息备付率 >1，偿债备付率 >1，或是根据债权人的要求确定。

2.8.4 盈利能力分析

盈利能力分析是通过编制项目投资现金流量表、项目资本金现金流量表及投资各方现金流量表，计算出财务盈利能力分析指标。财务盈利能力分析的主要指标为项目投资财务内部收益率、项目投资财务净现值和项目资本金财务内部收益率；投资回收期、总投资收益率、项目资本金净利润率等指标可根据项目的特点及财务分析的目的、要求等选用。

2.9 第二类项目财务分析重点

当按现行价格（收费标准）计算的营业收入不足以补偿全部成本费用，其财务分析应进行生存能力分析和偿债能力分析，生存能力分析的重点是估算项目各年政府的补贴费用。基准收益率由投资方与政府协商确定。

2.10 第三类项目财务分析重点

由政府直接投资的项目，只进行财务生存能力分析。同时使用债务资金的项目，还应结合借款偿还要求进行偿债能力分析。

2.11 特殊情况的处理

分期建设项目评价方法详见综合篇4.6。

网络型项目即建设项目包括部分收集系统和处理厂，其评价方法详见综合篇4.6。

2.12 财务分析报表

财务分析报表详见综合篇4.7。

3 经济费用效益分析

3.1 概述

经济费用效益分析是从资源合理配置的角度，分析项目投资的经济效率和对社会福利所做出的贡献，评价项目的经济合理性。

垃圾处理的宗旨是无害化、减量化、资源化，在治理环境的同时，发展循环经济，外部效果十分显著，项目的财务效益不能全部反映出项目的经济效益。经济费用效益分析不仅是编制项目建议书和可行性研究报告的重要组成部分，也是项目评价的重要内容。

3.2 定性分析

在实际工作中，外部效果描述较容易，但量化和货币化有较大难度，同时难以收集到翔实充分的统计数据、资料，垃圾处理项目经济评价通常采用定性分析，内容如下：

（1）环境的影响主要体现在改善市民健康状况，降低医疗费用。

（2）社会经济贡献主要体现在促进垃圾作为资源开发，改善地区发展环境、提高地区竞争力，通过发展旅游增加就业。

（3）合理利用自然资源主要体现在节约能源、土地增值。

（4）自然和生态环境影响主要体现在改善服务区内土壤、水体、空气的质量。

3.3 定量分析

有要求时，垃圾处理项目可进行经济费用效益定量分析。定量分析方法详见综合篇“5 经济费用效益分析”。

4 不确定性分析与风险分析

4.1 不确定性分析与风险分析的作用

经济评价是对拟建项目建设、生产经营全过程的经济效益状况的分析预测，所采用的数据多数是根据同类项目的历史统计数据进行预测估算，有一定程度的不确定性。为分析不确定性因素变化对评价指标的影响，估计项目可能承担的风险，确定项目在经济上的可靠性，需要进行不确定性分析与风险分析。

4.2 不确定性分析

不确定性分析包括盈亏平衡分析和敏感性分析。盈亏平衡分析只用于财务评价，敏感性分析可用于财务评价和经济费用效益分析。

4.3 盈亏平衡分析

垃圾处理项目的盈亏平衡分析是根据建设项目正常生产运营年份的垃圾处理量、固定成本、可变成本、税金等，研究其收益、成本与处理量之间的平衡关系。当项目的收益与成本相等时，称为盈亏平衡点（*BEP*），即盈利与亏损的转折点。在垃圾处理项目中通常以垃圾处理量表示。盈亏平衡越低，表明项目盈利的可能性越大，抗风险的能力越强。其计算公式为：

$$BEP(\%) = \frac{\text{年固定成本}}{\text{年营业收入} - \text{年可变成本} - \text{年营业税金}} \times 100\% \quad (4.3-1)$$

$$BEP_{(\text{处理量})} = \text{设计处理规模} \times BEP(\%) \quad (4.3-2)$$

4.4 敏感性分析

敏感性分析是通过分析、预测项目投入产出的主要因素发生变化时对经济评价指标的影响，从中找出敏感因素，并确定其影响程度。在垃圾处理项目经济评价中，通常采用单因素敏感性分析，变动因素通常为单位垃圾处理费（包括销售产品的价格及政府补贴）、经营成本和建设投资。计算方法为其他因素保持基本方案的数值，单一因素变化，计算项目内部收益率（*FIRR*）的值。结果以敏感性分析数据表及示意图表示。

敏感性分析各主要参数或指标的浮动幅度，一般为：±5%、±10%、±15%、±20%。

敏感性分析数据表

分析因素 / 变动因素	财务内部收益率（%）								
	−20%	−15%	−10%	−5%	0	+5%	+10%	+15%	+20%
建设投资									
垃圾收费									
经营成本									

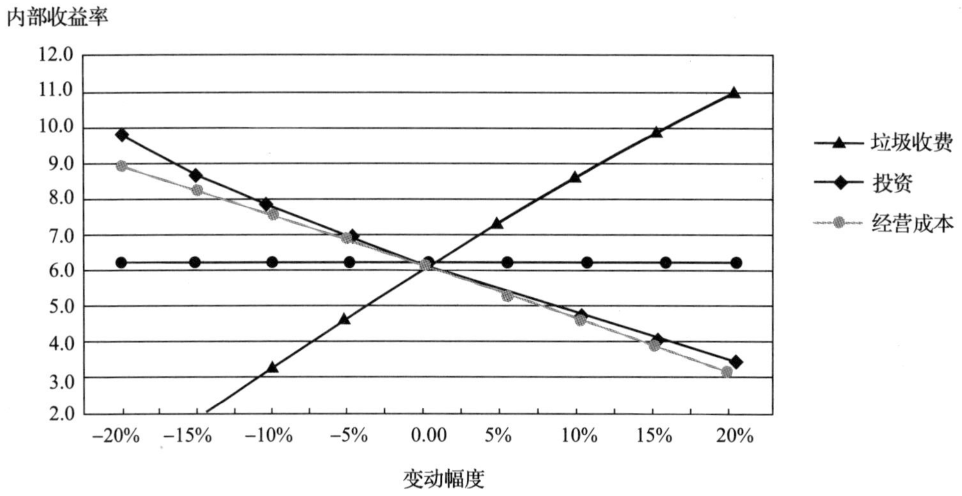

敏感性分析图

4.5 项目风险分析

项目风险分析的过程包括风险识别、风险估计、风险评价与风险应对。

4.5.1 风险识别

1. 市场风险：包括垃圾收运量、销售产品（上网电量、蒸汽量、肥料）的市场需求，以及原材料的价格变动风险。

2. 运营风险：对于垃圾焚烧和堆肥处理工艺，存在因垃圾成分变化带来运行成本发生变化的风险。

3. 工程建设风险：一般存在拆迁、工程质量、设备供货等引发的建设工期拖延，资金问题引发的建设内容调整的风险。

4. 政策风险：因收费、补贴等政策因素，影响项目生存能力的风险；因城市规划变动，使场（厂）址周围的环境功能发生了较大变化（如附近突然兴建生活区）造成的风险。

5. 环境风险：因垃圾处理场（厂）的建设，引起局部区域的空气、水体质量等发生变化的风险。

4.5.2 风险应对

风险应对的措施主要是风险回避、风险转移和风险控制。对于市场风险，应进行充分的市场调查，以及科学的市场预测，进行风险控制；对于运营风险，应对垃圾成分进行调查分析，确定不同季节垃圾主要成分，以满足垃圾处理不同工艺的要求，进行风险控制；对于工程建设风险，采用工程保险的方式进行风险转移；对于政策风险，应加强风险监控，及时发现那些新出现的以及性质随着时间的推延而发生变化的风险，并根据对项目的影响程度，重新进行风险识别、估计、评价和应对；对于环境风险，在工程设计中采用可行的手段，将环境影响降至最低，从而控制风险。

4.6 一般要求

垃圾处理项目市场需求稳定、工艺技术成熟，政府是项目投资和责任主体，项目风险综合等级较低，一般可采用定性风险分析。

5 方案经济比选

5.1 目的和用途

方案经济比选是寻求合理的技术经济方案的必要手段，也是项目经济评价的重要组成部分，在项目可行性研究过程中，各项主要经济和技术决策（如总体方案、处理规模、近远期结合、工艺流程、厂址选择、厂区布置、主要设备选型以及资金筹措等）均应根据实际情况提出各种可行的方案进行比选，对比选出的方案进行经济计算，结合其他因素详细论证比较，做出选择。

5.2 比选方法

垃圾处理通常有三种工艺，在设计规模一定，处理效果相同的条件下，项目方案比选可以在同一工艺下或不同工艺之间进行比选。根据这一特点，垃圾处理项目方案经济比选可分为下列两种形式：

1. 当备选方案均采用填埋处理工艺时，应采用费用现值比较法或费用年值比较法。备选方案计算期不同时，应采用费用年值比较法。

2. 当备选方案采用不同处理工艺时，应采用净现值比较法或净年值比较法。备选方案计算期不同时，应采用净年值比较法。

6 改扩建项目经济评价方法

6.1 垃圾处理改扩建项目的界定

垃圾填埋场在分期实施时，由于系统完全独立，改扩建项目可采用按新建项目的经济评价方法；采用焚烧、堆肥工艺的垃圾处理厂进行扩建时，由于扩建后原有设施将一起发挥作用，应按改扩建方法进行经济评价。

6.2 垃圾处理改扩建项目经济评价方法

具体评价方法详见综合篇“9　市政改扩建项目经济评价”。

7 评 价 参 数

7.1 经济费用效益分析参数

用于经济费用效益分析的社会折现率、影子汇率换算系数等，采用国家有关部门规定的数值。

7.2 财务分析参数

1. 财务基准收益率

参考目前已建的垃圾处理项目的运营状况，目前设定垃圾处理项目的财务基准收益率（融资前税前）的参考值为：焚烧工艺为5%；堆肥工艺、填埋工艺以及综合处理为4%。

2. 其他参数

（1）建议修理费率为1.0%～2.4%，其中填埋工艺采用1.0%，堆肥工艺采用2.0%，焚烧工艺采用2.4%。综合处理厂可根据具体工艺组成确定费率。

（2）采用综合折旧时，固定资产净残值率为4%。

（3）无形资产和其他资产摊销率为10%。

（4）其他费用的费率为8%～12%。建议填埋工艺采用8%，堆肥工艺采用10%，焚烧工艺采用12%。综合处理厂可根据具体工艺组成合理确定费率。

附录

项目基础资料

项目基础资料是项目经济分析与评价的根本，应结合建设项目的特点，有目的地进行搜集。搜集范围包括建设项目所在地区及建成后受到有利和不利影响的地区。

1. 内容

拟建项目的基本情况：包括建设项目的建设条件和投资情况，项目所在地环卫管理和垃圾处理现状；项目资金的来源、资金分年度使用计划、贷款情况；已建项目的年运行费用；各种税费的计取方法及经济费用效益分析所需的社会经济资料。

2. 资金筹措与使用计划

（1）贷款的来源、额度、分年度使用计划、汇率、年利率、有关贷款手续费的计取费率、宽限期、偿还期及其他有关要求。

（2）确定项目的建设期、运营期及投产计划。

3. 运行费用

（1）类似项目实际支出的年运行费和盈亏情况。

（2）类似项目定员及当地的人年职工薪酬。

（3）电、水、煤、热、燃气、油料、药剂等当地价格。

（4）当地垃圾处理费现行收费标准。

4. 财务计取费率

有关部门对其他费用、修理费、折旧、摊销等费用计取的基数和费率。

5. 其他有关资料

（1）年度国民生产总值、人均国民收入、工业总产值、地价、房地产销售价格。

（2）项目场址区域内或服务区内垃圾处理的行业经济效益指标。

城市轨道交通篇

1 总 则

1.1 编制依据及目的

为规范城市轨道交通项目经济评价方法，提高经济评价质量和项目决策的科学化、规范化水平，根据《方法与参数》（第三版），在《市政项目方法与参数（综合篇）》基础上，结合城市轨道交通项目的特点，制定《市政项目方法与参数（城市轨道交通篇）》。

1.2 适用范围

本篇所称的城市轨道交通是指服务于城市客运交通的快速轨道交通运输系统。它具有运量大、速度快、安全可靠、准点舒适的特点，可以位于地下、高架或地面，是城市地下铁道、轻轨交通、单轨交通、磁悬浮交通和市郊客运铁路等城市轨道交通系统的统称。

本篇适用于城市一定区域内及城市（镇）之间完整、独立运营的城市轨道交通建设项目可行性研究阶段的经济评价。项目规划、机会研究、项目建议书阶段可适当简化。项目中间评价和后评价阶段可参照使用。

1.3 评价特点

城市轨道交通建设项目的经济评价应根据城市经济发展战略和城市轨道交通路网发展规划，通过拟建项目客运量预测评估报告、环境评估报告、城市轨道交通主要线路方案设计和技术设计的经济比较，在选定最佳方案的基础上，计算项目的费用和效益。

由于城市轨道交通项目具有公共性和公益性特点，其经济评价不应单纯追求财务上的盈利性，主要应对其财务生存能力，经济可行性和承担风险的能力进行全面的分析论证，做出综合经济评价。

1.4 评价内容

城市轨道交通项目属于市政项目分类中第二种类型，其经济评价包括财务分析、经济费用效益分析、不确定性分析和风险分析以及方案经济比选。项目经济评价的重点在于融资分析、财务生存能力分析和风险分析。

1.5 评价结论

城市轨道交通项目投资和运营成本比较高，收费水平由政府制定，项目不以营利为目的，其效益主要体现在城市（或地区）的经济效益、社会效益和环境效益等方面。因此，城市轨道交通项目应从财务、经济等方面进行综合评价以判断项目的可行性。对财务分析、经济费用效益分析结论都可行的项目，可以判定该项目可行；对经济费用效益分析可行而财务分析不可行的项目，应在调整和优化设计方案的基础上，以项目生存和持续经营为原则，提出具体的解决措施，以保证该项目可行；对经济费用效益分析结论不可行的项目，则判定该项目不可行。

1.6 价格体系

城市轨道交通项目在财务分析中采用以市场价格体系为基础的预测价格。在建设期内，一般应考虑投入的相对价格变动及价格总水平变动。在运营期内，由于计算期较长，难以准确预测投入与产出的价格变动，一般采用项目建设期末（运营期初）的价格。

城市轨道交通项目经济费用效益分析采用以影子价格体系为基础的预测价格，在计算期内各年均不考虑价格总水平变动因素。

1.7 计算期

城市轨道交通项目计算期包括建设期和运营期。建设期以项目工程筹划确定的合理工期为依据，运营期参考《城市轨道交通工程项目建设标准》中规定的设计年限及客流预测年限。有贷款的项目，计算期不宜短于预定的贷款偿还期。

1.8 新建项目与改扩建项目的界定

城市轨道交通新建项目是指新开工建设、建成后该条线路独立运营、独立核算、独立经营管理的项目。有些新建线路虽属同一企业管理，但各条线路在经济上进行独立核算时，亦可按新建项目进行评价。

城市轨道交通项目改建、扩建及技术改造等建设项目（以下简称改扩建项目）是指在原有企业拥有的线路以及原有经营管理的基础上进行建设的项目。

有些改扩建项目所依托的原有企业规模较小，而改扩建后企业的资产规模、线路长度、运输能力以及运营收入规模等将远大于原有企业，原有企业的财务状况对改扩建后的企业（新企业）运营后的财务状况的影响已经处于次要地位时，改扩建项目可作为新建项目处理。原有资产等通过一定的财务上的处理（等价原则）可作为项目的初期投入。

1.9 数据采用

项目经济评价所采用的技术数据以城市轨道交通项目可行性研究报告为依据；城市经济发展的相关数据以城市统计年鉴及城市发展规划为依据；客流数据以通过评审的客流预测报告为依据；投资估算、成本核算、税费核算以国家及地方工程造价管理规定、财务制度、税费制度为依据。基础资料应力争准确可靠，直接采用的基础资料要有充分依据，预测的基础数据要做分析论证。

1.10 本篇与综合篇配套使用

2 财 务 分 析

2.1 财务分析的目的和内容

财务分析是在国家现行财税制度和价格体系下，从城市轨道交通企业财务角度分析、计算项目直接发生的财务效益和费用，考察项目的盈利能力、清偿能力和财务生存能力，据以判断项目的财务可行性。

城市轨道交通项目财务分析是在确定的项目范围内，在优选的技术决策基础上进行的。采用的基础数据和估算的费用与效益所涉及的范围必须一致，采用的价格必须符合价格体系的规定。财务分析首先要核实、预测及分析计算客运量、投资、成本、票价、税费等基础数据，作为计算费用和效益的依据，然后再据以编制财务报表，根据财务报表计算财务分析指标，最后对项目的财务状况做出全面的分析并得出评价结论。

2.2 需求分析

城市轨道交通项目的需求分析主要是指对选定线路的客流量的预测及票价水平的测算。

2.2.1 客流预测

客流预测是在城市轨道交通路网发展规划的指导下，对已选定线路的客流量进行预测，然后根据客流预测的结果确定该线路的设计规模。对选定线路的客流量预测一般可依据通过评审的《客流预测专题报告》。若选定线路采用分期建设时，应以相应的分期客流预测报告为依据。

2.2.2 票价测算

票价是城市轨道交通项目经济评价的基础数据，其准确与否直接影响到经济评价的准确性。票价的制定应结合轨道交通项目的特点，从以下方面进行全面的分析测算：

1. 项目预期财务票价。项目预期财务票价是使项目具有财务生存能力并能满足项目还款要求的基本收费水平。

在测算项目预期财务票价时可采用“以成本为基础”的测算方法，即先测算出项目的成本票价，然后根据项目的投资回报率及贷款偿还的要求，在成本票价的基础上再乘以一定的利润率，以此为基础确定项目的预期财务票价。

2. 推荐票价测定。由于城市轨道交通与其他公共交通具有竞争性，其票价高低对客流量的影响非常显著。在财务效益分析中，应专门测定用于项目评价的票价（推荐票价），项目预期财务票价仅作为票价比较的参考。

用于评价的推荐票价应尽可能接近项目实际运营时最可能采用的票价水平。在实际运营中，客流量的大小与运营票价的关系非常密切，在确定推荐票价时应综合考虑以下因素：

（1）现行票价水平：由政府制定的现行票价水平能否满足项目的生存需要。

（2）企业运营成本：城市轨道交通运输的企业性与公益性特点，要求票价水平应按保本微利的原则制定，以满足项目财务生存的需要。

（3）乘客可接受程度：项目所在地区经济整体水平、劳动者的收入水平、出行习惯、旅客的心理与经济承受能力等。

（4）其他交通工具的价格水平：其他交通工具（如普通公共汽车、公交空调车、专线车、出租车等）的价格水平，以及城市各种运输方式之间的合理比价，以确保项目的客流竞争能力。

3. 票制。目前城市轨道交通采用的票制主要有两种，即单一票制和计程票制。在进行财务分析时应结合项目方案设计确定票制。

采用计程票制时，应先制定分段票价，根据各段的乘客比例可以测算出项目的平均票价。

2.3 收入(效益)估算

1. 营业收入估算。城市轨道交通项目的营业收入主要是指票款收入，其计算方法为客运量乘以推荐票价。

2. 其他业务净收入估算。其他业务净收入是指扣除成本、税金后的净收益，即利润总额。其他业务主要包括广告收入、商业通信收入、综合开发收入等。

2.4 费用估算

2.4.1 投资估算

投资估算采用的依据和达到的深度按国家及地方有关规定执行。

1. 建设投资估算。

(1) 工程建设费。城市轨道交通项目工程建设费一般包括以下几个部分:

1) 施工准备费：指为项目开工所做各种前期准备工作而发生的费用，包括三通一平、管线悬吊、交通疏解等。

2) 土建工程费：指车站、区间、除车辆基地以外的房屋和构筑物等建筑工程费用，包括结构工程、建筑装修、高架桥声屏障、车站安全门、人防工程、地面线的路基及附属工程等内容。

3) 轨道工程费：包括正线铺轨、铺岔、铺道床及线路有关工程费用。

4) 供电工程费：包括外部电源、牵引降压变电站（所）、接触网（轨）、车站动力照明、电缆、电力监控等供电系统设备购置及安装费用（不含车辆段)。

5) 通风空调工程费：包括车站及区间的通风空调设施等设备购置及安装费用。

6) 自动扶梯及电梯工程费：包括根据需要设置的自动扶梯、液压电梯、轮椅升降台等设备购置及安装费用。

7) 自动售检票工程费：包括自动售检票系统的设备购置及安装费用。

8) 防灾报警及环境监控工程费：包括车站、控制中心报警和监控设备的购置与安装费用。

9) 给排水及消防工程费：包括车站、区间的给水、排水、消防设备购置与安装费用。

10) 通信信号工程费：包括正线通信信号设备购置与安装费用。

11) 综合自动化（设备主控系统）工程费：包括正线综合自动化（设备主控系统）设备购置与安装费用。

12) 车辆基地工程费：包括停车场、车辆段、综合维修中心土建工程、车辆段工艺设备购置及安装、车辆段轨道、供电、防灾报警、给排水及消防、通信信号、土石方及厂区道路、管线、围墙、绿化工程等费用。

(2) 工程建设其他费用。城市轨道交通项目工程建设其他费用是指根据国家及项目所在地有关规定计取的，应由项目投资负担的除建筑、安装和设备工器具购置费以外的费用，一般包括征地拆迁费（含拆迁补偿费、管线改移费)、建设单位管理费、工程建设监理费、研究试验费、生产准备费（含生产职工培训费和提前进厂费）、办公及生活家具购置费、勘测设计费、工程保险费、公用事业增容费（包括供电、供水、煤气及污废水排放等的增容补贴费用）、竣工图编制费、联合试运转费、引进技术和进口设备项目的其他费用、其他有关工程所在地规定的费用。

（3）基本预备费，指在工程建设中可能发生而投资估算难以预料的费用，取费基数为工程建设费用及工程建设其他费用之和。

（4）车辆购置费，指城市轨道交通项目建设期购置运营车辆所需费用，此费用单独计取，不作为工程其他费用和基本预备费的取费基数。

（5）涨价预备费，指项目建设期间由于价格可能发生上涨而预留的费用。

2. 建设期借款利息，指建设项目投资中有偿使用资金部分在建设期应偿还的借款利息和融资费用，根据借款的不同种类和利率分别计算。

利率使用时应注意区别情况使用有效年利率或名义年利率。

融资费用是指某些债务融资中发生的手续费、承诺费、管理费、信贷保险费等融资费用，一般情况下可将其单独计算或粗略估算并计入建设期利息。

3. 流动资金估算。城市轨道交通项目流动资金总额一般根据类似企业的实际资料采用扩大指标估算法测算。流动资金在现金流量表中应安排在运营第一年投入。

城市轨道交通项目中流动资金与经营成本的关系最为密切，一般可采用经营成本与流动资金周转天数估算流动资金，其计算公式为：

$$流动资金额=（运营期初年经营成本/360）\times 流动资金周转天数 \qquad (2.4.1)$$

式中，流动资金周转天数可按 90 天计算。

流动资金额也可参考同类企业平均每辆车占用流动资金的数额进行估算。

2.4.2 总投资形成的资产

根据资产保全原则，当城市轨道交通项目建成投入运营时，总投资分别形成企业的固定资产、无形资产、其他资产和流动资产。

1. 固定资产。建筑工程费、安装工程费、设备及工器具购置费、车辆购置费及应分摊的待摊投资应计入固定资产原值，基本预备费用、涨价预备费用和建设期利息也要计入固定资产原值。形成的固定资产原值可用于计算折旧费。

待摊投资是指工程建设其他费用中除应计入无形资产和其他资产以外的全部费用，按规定此项投资应按分类投资所占的投资比例分摊。根据城市轨道交通项目的特点，待摊投资、预备费用及建设期利息可按如下顺序进行分摊，形成分类固定资产原值：

（1）土地征用及迁移补偿费按投资比例分摊到各项建筑物中。

（2）除土地征用及迁移补偿费以外的应分摊的待摊投资，按投资比例分摊到除车辆购置费以外的各项分类资产中。

（3）基本预备费按投资比例分摊到除车辆购置费以外的各项分类资产中。

（4）建设期利息、涨价预备费按投资比例分摊到各项分类资产中（包括车辆）。

2. 无形资产。无形资产原值主要包括技术转让费或技术使用费、商标权和商誉等。

3. 其他资产。城市轨道交通项目的其他资产主要是指生产职工培训费，可按 5 ~ 10 年摊销。

2.4.3 投资使用计划

城市轨道交通项目应根据投资估算及工程筹划方案合理安排不同资金来源的项目总投资分年使用计划。

2.4.4 资金来源与融资方案

城市轨道交通项目资金主要来源于项目资本金（即项目权益资金）和债务资金。

根据国家有关制度规定，城市轨道交通项目的资本金应达到总投资的40%以上。

城市轨道交通项目的债务资金应在建设项目总投资估算、总投资分年使用计划和资本金投入计划的基础上来安排债务资金的借款计划。根据贷款额度、贷款条件和贷款资金到位时间，选择条件优惠、融资成本较低、融资风险较小的资金，以提高项目的投资效益。

在初步明确项目的融资主体和资金来源的基础上，应对融资方案资金来源的可靠性、资金结构的合理性、融资成本高低和融资风险大小进行综合分析，比选确定融资方案。

2.4.5 成本费用估算

1．总成本费用。根据城市轨道交通项目的特点和现行财务核算办法，总成本采用要素成本法进行测算。总成本费用主要包括：职工薪酬、车辆修理费用、其他修理费用、动力费、营运费用、其他费用、基本折旧费、摊销费、财务费用。

2．经营成本。经营成本是指项目总成本扣除固定资产折旧费、无形及其他资产摊销费和利息支出后的全部费用。即：

$$\text{经营成本} = \text{总成本费用} - \text{折旧费} - \text{摊销费} - \text{财务费用} \qquad (2.4.5-1)$$

3．固定成本和可变成本。为进行项目盈亏平衡分析，将项目总成本费用分解成固定成本和可变成本。

可变成本是指随着客运量增减而发生变化的那部分成本，主要包括车辆修理费、车辆折旧费和牵引电力费。

固定成本是指不随客运量变化而发生增减，数额保持相对固定的那部分成本，主要包括职工薪酬、其他修理费、动力照明电力费、营运费、其他费用、折旧费（车辆折旧除外）、摊销费及财务费用。

4．成本要素测算方法。

（1）职工薪酬。职工薪酬是指城市轨道交通项目支付给生产人员和管理人员的劳动报酬，其中包括职工工资、奖金、津贴和补贴、职工福利费、社会保险费、住房公积金、工会经费和职工教育经费、非货币性福利等。运营期初职工薪酬可以依据设计定员及预测的运营期初每人每年平均职工薪酬计算工资总额。其计算公式为：

$$\text{运营期第}\ n\ \text{年的职工薪酬} = \text{运营期初每人每年平均职工薪酬} \times \text{第}\ n\ \text{年职工定员} \qquad (2.4.5-2)$$

式中，运营期初的每人每年平均职工薪酬应根据项目所在地的人均工资和薪酬水平、行业工资和薪酬水平标准及近年来工资和薪酬增长的速度进行预测。

职工定员，由相关技术专业负责提供初、近、远期的数据，人员应按逐步递增考虑。

（2）车辆修理费用。车辆修理费是指车辆日常修理和车辆大修理所需消耗的材料费用，其中车辆的日常修理主要包括车辆的列检、月检、定修等日常的维护和修理，车辆大修主要包括车辆的架修、简化厂修和厂修等工作内容。其计算公式为：

运营期第 n 年的车辆修理费用 = 运营期初车辆修理费单价 × 第 n 年年行车公里 + 车辆总投资 × 大修费率　(2.4.5-3)

式中，运营期初车辆修理费单价，可根据同类企业目前车辆车公里修理费的单价水平来预测拟建项目运营期初车辆修理费的单价水平。

年行车公里，由相关技术专业负责提供初、近、远期的年行车公里数据，其他年份的数据可采用内插法计算。

大修费率，车辆的大修费率可根据车辆大修修程和大修内容确定，并按年均摊销，一般车辆的大修费率取值在 2% 左右。

在计算时，应注意车辆在运营的初期一般修理费用较低，随着运营期的推移，修理费用将逐步加大。车辆修理费的单价可采用逐年递增法，或采用运营期平均值。

（3）其他修理费用。其他修理费是指除车辆以外的房屋建筑、轨道、设备系统等固定资产的日常维修费用及大修理费用。其计算公式为：

其他修理费用 = 土建工程固定资产原值 × 土建工程修理费率 + 设备固定资产原值 × 设备修理费率　(2.4.5-4)

式中，土建工程固定资产原值，为不含地下结构（车站结构占 80%）、路基、区间高架桥结构等投资的固定资产原值。

土建工程修理费率，可参考同类工程修理费的支出情况，修理费率包含了日常维修费用及大修理费用，一般取值在 1% 左右。

设备修理费率，可参考同类工程修理费的支出情况，修理费率包含了日常维修费用及大修理费用，一般取值在 2% 左右。

（4）动力费。动力费是指所有的牵引用电和动力照明用电，可按用电量及预测运营期初电价计算，为了区分可变成本和固定成本，应按牵引用电电力费和动力照明用电电力费分别计算，计算公式为：

运营期第 n 年电力费 = 牵引用电第 n 年电力费 + 动力照明用电第 n 年电力费
= 运营期初牵引电价 × 第 n 年牵引用电量 +
运营期初动力照明电价 × 第 n 年动力照明用电量
(2.4.5-5)

式中，运营期初牵引电价，以项目用电电力等级和项目所在地的电力单价为依据，并结合近年来的电力价格波动情况预测运营期初电价。

牵引用电量，根据供电专业提供的初、近、远期的牵引用电量计算，其他年份的数据可采用内插法计算。

动力照明用电量，根据供电专业提供的初、近、远期的动力照明用电量计算，其他年份的数据可采用内插法计算。

（5）营运费用。营运费包括站务费、车务费、劳动保护费、技术组织措施费、低值易耗品摊销费、职工差旅费等开支，计算公式为：

运营期第 n 年的营运费用 = 运营期初营运费用单价 × 第 n 年行车公里
(2.4.5-6)

式中，运营期初营运费用单价，可根据同类企业营运费的支出情况进行单价预测。年行车公里，同上。

（6）其他费用。其他费用包括其他制造费用、其他管理费用和其他营业费用这三项费用。轨道交通行业主要发生其他管理费用，指企业行政管理部门为管理和组织经营活动发生的各项费用，包括由企业统一负担的公司经费、董事会会费、咨询费、税金及其他管理费等。

计算此项费用时应结合项目特点按其他费用包含的费用科目和项目所在地有关部门规定的费率计算。

为简化计算，其他费用可按以上五项成本费用合计的5% ~10% 计算。

（7）基本折旧费。城市轨道交通项目的运营期一般较长，考虑到以后的设备更新改造，在计算固定资产折旧时宜采用分类折旧法。

固定资产折旧一般按平均年限法计算折旧，残值率按3% ~5% 考虑，分类固定资产折旧年限详见本篇7.3“固定资产折旧年限表”。分类固定资产的年折旧费按分类固定资产原值乘以相应的基本折旧率求得，计算公式为：

$$年基本折旧费=分类固定资产原值\times 分类固定资产年折旧率 \quad (2.4.5-7)$$

（8）摊销费。摊销费是指其他资产、无形资产在运营期间的摊销费，城市轨道交通项目中主要对职工培训费进行摊销，其摊销年限可按5~10年考虑。

（9）财务费用。财务费用是指因占用资金而发生的各项费用，包含运营期间各种贷款的利息支出、汇兑净损失、银行手续费等支出。

2.4.6 税金估算

根据现行会计制度规定，城市轨道交通运输企业应缴纳的税金及附加主要有：

1. 营业税金及附加：

（1）营业税。计算公式为：

$$应纳税额=运营收入\times 税率 \quad (2.4.6-1)$$

城市轨道交通项目的营业税率为3%。

（2）城市维护建设税。计算公式为：

$$城市维护建设税=营业税\times 适用税率 \quad (2.4.6-2)$$

城市轨道交通项目的城市维护建设税的税率一般为7%。

（3）教育费附加。计算公式为：

$$教育费附加=营业税\times 适用费率 \quad (2.4.6-3)$$

城市轨道交通项目的教育费附加税率一般为3%。

2. 所得税。城市轨道交通项目企业所得税税率依据国家规定。若国家或地方有相关优惠政策予以豁免或部分豁免时，按相关规定执行。

3. 其他地方性税费。对于地方有特殊要求的，可按有关规定增加地方性税费内容。

2.4.7 维持运营投资

运营期车辆需求量随客运量增长而增加时，可按实际需要购入，其车辆购置费在需用车辆的前一年列入固定资产投资，并按规定在用车当年开始计提折旧；因追加车辆而追加的流动资金在车辆投入使用的当年列支。

为维持运营追加的其他投资（如设备更新、车辆段二期投入等）按实际情况列入现金流量表，并对其造成的成本费用的变化做相应调整。

2.5 财务效益和费用估算报表

城市轨道交通项目财务效益和费用估算应编制的报表如下：建设投资估算表（概算法）、主要材料估算表、建设期利息估算表、项目总投资使用计划与资金筹措表、总成本费用估算表（生产要素法）、固定资产折旧费估算表。

2.6 财务分析

财务分析应在项目财务效益与费用估算的基础上进行，通过编制财务报表，计算财务指标，分析项目的盈利能力、偿债能力和财务生存能力，以此判断项目的财务可行性。

城市轨道交通项目财务分析应先进行融资前分析，在融资前分析结论满足要求的情况下，初步设定融资方案，再进行融资后分析。融资前分析与融资后分析的内容和方法详见综合篇“4 财务分析”。

城市轨道交通项目财务分析重点是生存能力分析和偿债能力分析。

2.6.1 盈利能力分析

1. 城市轨道交通项目盈利能力分析报表主要包括：项目投资现金流量表、项目资本金现金流量表、投资各方现金流量表、利润与利润分配表等。

2. 城市轨道交通项目盈利能力分析指标主要包括：项目投资财务内部收益率和财务净现值、项目资本金财务内部收益率、投资回收期、总投资收益率、项目资本金投资净利润率等指标。可根据项目的特点及财务分析的目的、要求等选用。

3. 城市轨道交通项目财务盈利能力分析包括动态分析和静态分析两种。动态分析是利用现金流量表分别进行项目投资盈利能力分析、资本金盈利能力分析、投资各方盈利能力分析，通过计算财务内部收益率、财务净现值等指标，从不同角度来考察项目的收益水平。静态分析是利用利润与利润分配表和项目投资现金流量表计算总投资收益率、项目资本金净利润率、投资回收期等指标，以评价项目投资的获利能力和收回项目投资所需要的时间。

2.6.2 偿债能力分析

1. 城市轨道交通项目偿债能力分析报表主要包括：借款还本付息计划表和资产负债表。

2. 城市轨道交通项目偿债能力分析指标主要包括：利息备付率、偿债备付率和资产负债率等。

3. 偿债能力分析：通过借款还本付息计划表和资产负债表可以分析项目计算期内每一年各项借款的借入、使用、还本、付息以及可用于偿还借款的利润、折旧费、摊销费及其他资金来源等情况，衡量项目偿还贷款的能力。通过评价指标可以评价项目计算期内各年还款资金余缺情况，反映债权人发放贷款的安全程度。

2.6.3 财务生存能力分析

城市轨道交通项目财务生存能力分析是通过编制财务计划现金流量表，分析项目是否有足够的净现金流量维持正常运营，以实现财务的可持续性。

财务可持续性应首先体现在有足够大的经营活动净现金流量，其次各年累计盈余资金不应出现负值。若出现负值，应进行短期贷款，并对短期贷款的时间、数额、条件、可靠性等进行分析，进一步判断项目的生存能力。

2.6.4 结论及建议

通过以上分析考察项目的财务盈利能力、清偿能力及财务生存能力，对项目的财务可行性进行论证，并对可能发生的问题，如资金来源、财务亏损、债务偿还等提出建议。

以现行价格为基础进行测算的推荐票价，与满足项目财务生存能力需要的项目预期财务票价可能存在一定差距，二者之差可作为政府补贴的依据。在项目运营前期，由于价格不到位而产生运营亏损，项目的还贷能力比较弱，需要政府给予补贴，以维持运营。应估算各年所需的政府补贴数额，并分析政府在一定时期内可能提供补贴的能力，为政府决策提供参考。

财务分析的最终结论是在财务分析结论的基础上，结合不确定性分析和风险分析的结论，经全面综合考察后得出的。

3 经济费用效益分析

3.1 目的和原则

经济费用效益分析是从资源合理配置的角度，分析项目投资的经济效率和对社会福利所作出的贡献，评价项目的经济合理性。

城市轨道交通项目经济费用效益分析采用定量分析与定性分析相结合，以定量分析为主，定性分析为辅的原则；应遵循效益和费用计算口径对应一致的原则，正确判断项目的效益和费用；经济费用效益分析应采用影子价格计算。

城市轨道交通项目经济费用效益分析采用“有无对比法”，即将建设本项目所产生的效益和费用与未建设本项目所产生的效益和费用进行对比。

“有”是指建设城市轨道交通项目的情况。

“无”是指不建设城市轨道交通项目，而是采用其他交通方式承担同样客运量的情况。在各种运输方式（公共汽车、出租车等）中，公共汽车是一种比较经济又能满足要求的运输方式，“无项目”通常按采用拓宽道路利用公共汽车承担同样客运量的情况考虑。

城市轨道交通项目的经济费用效益分析，一般应对投资估算、运营成本等费用按规定进行调整，再对项目所产生的经济效益进行计算，然后编制经济费用效益流量表，分析计算经济指标，对该项目的经济费用效益进行全面的分析。

3.2 经济费用估算

经济费用是在实现一定运输功能和效果的条件下，“有项目”比“无项目”增加的资源消耗，主要包括工程建设费用和运营维护费用。

3.2.1 工程建设费用

工程建设费用是指“有”项目情况下比“无”项目情况下增加的资源消耗，其计算公式为：

工程建设费用 =“有项目”情况下的工程建设费用 −“无项目”情况下的工程建设费用 (3.2.1−1)

1.“有项目”下的工程建设费用。经济费用效益分析的工程建设费用是以城市轨道交通项目财务分析中建设投资估算为依据，主要做以下几个方面的调整：

（1）剔除属于国民经济内部转移支付的部分，包括引进设备及材料的关税和增值税、土地使用税。

（2）用影子汇率调整引进设备及材料价格。

（3）用影子价格调整国内设备价格。

（4）用影子价格、影子工资调整建筑费用。

（5）用影子工资调整安装费用。

（6）调整建设工程其他费用。

（7）调整土地费用。

（8）剔除涨价预备费。

（9）调整由于流动资金估算基础的变动引起的流动资金占用量的变动。城市轨道交通项目一般可不作调整。

调整后的工程建设费用，按城市轨道交通项目财务分析中分年投资计划来安排资金运用。

2.“无项目”下的工程建设费用。为解决旅客运送的需要，在“无项目”条件下需要对现有公共汽车运输系统的规模进行扩大，其工程建设费用主要包括新增车辆的投资、公共汽车配套设施的投资、道路拓宽费用等。“无项目”下的工程建设费用可按下列计算方法估算，也可根据所掌握资料按实际情况计算。

（1）新增车辆的投资。计算公式为：

车辆投资成本 = 所需车辆数 × 车辆的经济价格 (3.2.1−2)

所需车辆数按扣除由自行车转乘部分的客流后的最大断面流量计算，计算方法为：

所需车辆数 =（线路长度 ×2/公交车平均车速 ×60 分钟 + 折返时间） ×（高峰小时断面流量/公共汽车标准车定员/公交车高峰期满载率） ×备用车率/60 (3.2.1−3)

式中，线路长度是指项目的正线线路里程，按公里计算；公交车的平均车速：按每小时公里计算。

（2）公共汽车配套设施投资。公共汽车配套设施的投资主要包括容纳车辆的车库、停车场，公共汽车运营需要的运营管理办公楼、检修厂和机械厂的厂房等设施，检修厂的机械设备、汽油加油设备及其他设施等。此部分投资的计算可按估算指标计算。计算公式为：

公共汽车配套设施投资 = 车辆数（辆） ×每辆车配套设施投资额（元/辆） (3.2.1−4)

（3）道路拓宽费用。原有道路需要拓宽以满足客流增加的需要，道路拓宽费用的计算公式为：

道路拓宽费用 = 房屋拆迁费 + 道路拓宽工程费用 (3.2.1−5)

式中，房屋拆迁费 = 房屋拆迁面积 × 房屋拆迁单价；

道路拓宽工程费用 = 道路拓宽面积 × 道路工程单价（元/平方米）。

“无项目”下的工程建设费用应考虑一个比较合理的投资计划，按初、近、远期客流增长需求量分期、分批安排资金投入。

3.2.2 运营维护费用

运营维护费用是指“有”项目情况下与“无”项目情况下运营维护费用的差额，其计算公式为：

运营维护费用 = “有”项目情况下的运营维护费用 - “无项目”情况下的运营维护费用 (3.2.2-1)

1. “有项目”情况下的运营维护费用。经济评价中的经济费用是在财务分析的运营成本基础上进行调整计算，主要包括以下几个方面：

（1）剔除属于国民经济内部转移支付计入成本的税金。

（2）依据调整后的建设投资调整其他修理费用。

（3）依据影子工资（注意口径范围保持一致），影子电价及货物的影子价格等参数调整各项运营费用要素。

2. “无项目”情况下的运营维护费用。“无项目”情况下的运营维护费用主要包括公共汽车的经济运营费用和道路维修费用。

（1）公共汽车的经济运营费用。公共汽车的经济运营成本主要是指运送客流所需运营费用，其计算公式为：

经济运营费用 = 运营车公里 × 经济运营车公里单价（元/车公里） (3.2.2-2)

式中，运营车公里 = 客运量 × 乘客平均运距/公交车单车定员/公交车日均满载率。

经济运营费用可参考项目所在地公共汽车的车公里运营成本计算。

（2）道路维修费。道路维修费主要是指道路路面的维修铺设费用，可以按每 10 年追加计算一次路面的铺设费用。

道路维修费 = 道路维修面积 × 道路维修单价 (3.2.2-3)

式中，道路维修单价以当地道路路面铺设的市场价格为准。

3.3 经济效益的估算

和“无项目”相比，建设城市轨道交通将产生节约出行时间效益、减少疲劳效益、减少交通事故效益、诱发效益等可以量化的直接和间接效益，同时也将产生减少城市污染、改善交通结构、促使城市布局更合理等许多不易量化的社会效益。城市轨道交通项目经济效益可采用下面的一套计算方法，也可根据所掌握资料按实际情况计算。有条件时，可对减少城市污染效益、节约公共汽车运输费用效益等进行量化。

应注意正确判断项目的效益和费用，避免发生效益和费用的误算、漏算、重复计算和计算口径不一致的错误。如由于城市轨道交通项目的建设方便了乘客的出行，节约了出行时间，导致沿线的房地产增值。若项目已计算了节约出行时间效益，就不能再计算土地和房地产增值效益，以避免重复计算。

3.3.1 节约时间效益

城市轨道交通系统具有准时、节时的特点，快捷的运输优势产生了节约出行时间的效益。乘客乘坐公共汽车所需时间和乘坐城市轨道交通所需时间之差即为节约时间，其计算公式如下：

$$B_{1n} = Q_n \times \mu \times (T_1 - T_2) \times H_n \qquad (3.3.1-1)$$

式中 B_{1n}——第 n 年的节约时间效益（元/年）；

n——年份；

Q_n——第 n 年的客运量（人次/年）；

μ——工作客流系数；

T_1——公共汽车乘客出行时间（小时）；

T_2——城市轨道交通乘客出行时间（小时）；

H_n——第 n 年的时间价值（元/人·小时）。

时间价值可按项目所在地人均小时的国内生产总值简化计算，计算方法如下：

时间价值 = 项目所在地国内生产总值/该城市的总人口/(365 - 法定节假日)/每天工作时间 (3.3.1-2)

在有资料和相关条件支持的情况下，可按出行人群、出行目的等详细计算项目时间节约的价值。

3.3.2 减少疲劳效益

快捷舒适的旅行环境减少了公共交通给乘客带来的疲劳，从而产生了提高劳动生产率的效益，提高的劳动生产率可按4% ~5.6% 考虑。计算公式如下：

$$B_{2n} = Q_n \times \mu \times \frac{1}{\delta} \times h \times W \times H_n \qquad (3.3.2)$$

式中 B_{2n}——第 n 年提高劳动生产率效益（元/年）；

δ——客流往返系数；

h——市民一天工作时间（小时）；

W——城市轨道交通比公共汽车提高的劳动生产率。

3.3.3 减少交通事故效益

城市轨道交通基本上是一个独立的系统，不受其他车辆、行人、天气、道路等各种因素的干扰，很少发生交通事故，产生了减少交通事故效益。计算公式如下：

$$B_{3n} = M_n \times N_n = M_S \times S \times N_n \qquad (3.3.3)$$

式中 B_{3n}——第 n 年减少交通事故的效益（元/年）；

M_n——第 n 年公交车平均年损失费用（元/车）；

N_n——第 n 年无城市轨道交通时需增加的车辆数（车）；

M_s——公交标准车公里平均损失费（元/车公里）；

S——公交标准车年平均运营里程（车公里）。

3.3.4 其他效益

和“无项目”相比，城市轨道交通项目的建设还将带来减少城市污染，改善交通结构，促使城市布局更合理，进一步加快城市的经济发展，促进本工程沿线的综合开发等社会效益。对于这些难以量化的效益，可以做定性描述。

3.4　经济费用效益分析报表和指标

3.4.1　经济费用效益分析报表

城市轨道交通项目经济费用效益分析要求的报表如下：

1. 项目投资经济费用效益流量表。
2. 经济费用效益分析投资费用估算调整表。
3. 经济费用效益分析经营费用估算调整表。

3.4.2　经济费用效益分析指标

城市轨道交通项目经济费用效益分析要求计算的指标如下：

1. 经济内部收益率（*EIRR*）。
2. 经济净现值（*ENPV*）。
3. 经济效益费用比。

3.5　经济费用效益分析结论

通过城市轨道交通项目经济费用效益分析，得出项目资源配置的经济效率的结论，并应进一步分析对比经济费用效益与财务现金流之间的差异，找出受益或受损群体，并提出政策性建议。有需要时，可论证项目的可行性和抗风险能力，从而给出经济费用效益分析的结论。

4　不确定性分析与风险分析

4.1　不确定性分析

4.1.1　敏感性分析

在项目前期研究阶段，经济评价所采用的数据大部分来自预测和估算，具有一定程度的不确定性。敏感性分析是通过分析不确定性因素发生增减变化时，对财务或经济评价指标的影响。对于城市轨道交通来讲，影响效益的主要因素是投资、客流量、经营成本及票价，所以应考察以上因素在一定范围内变化时对内部收益率等经济指标的影响，并绘制敏感性分析图，计算敏感度系数和临界点，找出敏感因素，确定其对经济指标的影响程度。

4.1.2　盈亏平衡分析

盈亏平衡分析是通过盈亏平衡点（*BEP*）分析项目成本与收入的平衡关系的一种方法。对于城市轨道交通来讲要求计算以下指标：

$$BEP_{\text{生产能力利用率}} = \text{年固定成本} / (\text{年运营收入} - \text{年可变成本} - \text{年营业税金及附加}) \times 100\% \tag{4.1.2-1}$$

$$\text{盈亏平衡点的客运量} = \text{年均客运量} \times \text{生产能力利用率} \tag{4.1.2-2}$$

盈亏平衡点越低，表明项目适应市场变化的能力越大，抗风险能力越强。

4.2　风险分析

4.2.1　风险分析概述

城市轨道交通项目的风险是指在项目建设和运营的过程中由于存在一些不确定性因素

导致项目偏离预期功能和效果的各种可能性。经济风险分析应采用定性与定量相结合的方法。

风险分析是一个综合工程，经济专业应在各技术专业做出风险识别、风险估计、风险防范措施的基础上，对各个风险因素最后导致的经济后果做出经济风险评价，给出经济风险评价结论和规避经济风险的对策。

风险分析一般可分为四个阶段：风险识别、风险估计、风险评价、风险应对。

4.2.2 风险识别

风险识别就是从系统的观点出发，根据项目涉及的各个方面，找出项目建设运营过程中潜在的风险因素，并分析它们对项目的影响程度。

城市轨道交通项目风险识别阶段主要采用的方法是系统分解法和专家调查法等。

城市轨道交通项目是一个复杂系统，影响它的风险因素很多，风险辨识过程应由风险分析人员与工程的规划设计人员及有关专家一同进行。城市轨道交通项目应着重对客流及票价风险、工程技术风险、资金风险、工期风险、运营管理风险、经济政策风险等风险因素加以分析。有的项目还可能存在诸如自然灾害、地质条件、文物保护、景观破坏等风险，对于此类风险因素，应结合项目的具体情况具体分析。

4.2.3 风险估计

风险估计是在有效辨识项目风险的基础上，通过定性和定量的分析方法测定其发生的可能性和破坏程度的大小。

城市轨道交通项目风险估计阶段主要采用的方法是专家调查法等。

通过对项目已辨识出的风险因素进行专家调查，可以确定城市轨道交通项目各种风险因素发生的概率及其影响程度。在此基础上，风险分析人员利用科学的方法进行统计计算，确定各风险因素的大小，并进行优先排序，对各种风险做出估计。

4.2.4 风险评价

风险评价是在项目风险识别和估计的基础上通过建立项目风险的系统评价模型，从而找到该项目的关键风险，确定项目的整体风险水平。

对于比较单纯的风险因素进行评价时，主要采用专家调查打分法、三点估计法等；对项目整体进行风险评价时，主要采用蒙特卡罗模拟法、概率树分析法等。

根据定性分析和定量分析的结果，从整体考察城市轨道交通项目风险的大小，综合评价项目风险因素对项目目标值的影响程度。

4.2.5 防范与降低风险对策

防范和降低风险的对策主要有风险回避、风险转移、风险控制及风险分担等方法。重大的风险因素可采用风险回避的方式，如采用方案变更等手段回避有重大风险因素的方案；对不能回避的风险因素可以采用风险转移的方式转移风险，如引进工程保险；对一般的风险因素可以采用风险控制的方式，如引进设计监理、施工监理、进行工程招投标等手段，可有效降低工程投资的风险。对一些发生概率较小的风险，企业有经济实力承担风险发生后造成的损失，可采用风险自担或分担的方式。

具体采用何种对策，应根据风险产生的原因、特点，结合项目的具体情况征询专家的意见，具体解决。

5　方案经济比选

5.1　方案经济比选的目的

方案比选的目的是通过对城市轨道交通项目多个备选方案进行综合评价和比较，选择最优方案。

5.2　方案经济比选的原则

1．城市轨道交通项目的方案比选应侧重于对财务费用和效益进行经济比较。

2．城市轨道交通项目因设计线路方案、票价方案不同，导致项目客流量、投资、收益、运营成本等因素发生变化，应主要对线路方案和票价方案进行方案比选。

3．局部方案比选原则上不要求作经济评价，只做投资比较。如车站区间施工方案的选择，各种设备方案的选择等。

5.3　方案经济比选应满足的条件

1．备选方案的整体功能应达到目标要求。

2．备选方案的经济效率应达到可以被接受的水平。

3．备选方案包含的范围和时间应一致，效益和费用计算口径应一致。

5.4　方案经济比选的方法

城市轨道交通项目方案经济比选可采用效益比选法、费用比选法和最低价格法。

6　改扩建项目经济评价方法

6.1　改扩建项目经济评价原则

城市轨道交通改扩建项目包括原有线路的延伸、扩建和原有设备的更新改造等。它是利用原有线路和设施，以新增的投入调动原有固定资产的潜力，取得更大的新增效益。

城市轨道交通新建项目与改扩建项目的界定方法详见本篇1.8。

城市轨道交通改扩建项目经济评价的评价内容、评价方法等共性的内容详见综合篇“9　市政改扩建项目经济评价”。

6.2　改扩建项目的特点

城市轨道交通改扩建项目与新建项目相比有以下特点：

1．在不同程度上利用了原有资产和客运量，以新增的投入调动原有固定资产的潜力，以达到新的运输能力，取得新增客运量和新增收入，从而实现以较小的新增投入取得较大的新增效益。

2．改扩建项目的实施，往往是由于原有的运能和运力已达到饱和，无法满足现有和新增客流对运输能力和运输质量的需求。

3. 改扩建项目是既有企业的有机组成部分，项目的融资与还款主体是既有企业。

4. 改扩建项目的新增效益和费用的识别、计算较新建项目复杂。

5. 改扩建项目建设期内建设与运营同步进行。

6. 项目与企业既有区别又有联系，有些问题的分析范围需要从项目扩展至企业。

改扩建项目的经济评价除应遵循一般新建项目经济评价的原则和基本方法外，还必须在具体评价时针对以上特点有区别地进行评价。

6.3 改扩建项目经济评价的特点

城市轨道交通改扩建项目经济评价可采用增量法，即以新增的费用和新增的客运量取得新增效益，作为经济评价的依据。主要特点如下：

1. 改扩建项目的增量费用和增量效益，要涉及原有城市轨道交通的现有设施与运营情况。

2. 财务分析指标及报表与新建项目基本相同，但项目现金流按增量计列。

3. 经济费用效益分析指标及报表与新建项目基本相同，但项目现金流按增量计列。

4. 改扩建项目投资借款偿还时，还款资金来源不仅包括项目新增的可用于还款的资金，还包括原有企业所能提供的还贷资金。

5. 应从项目和企业两个层次进行分析。由于城市轨道交通行业的特殊性，项目层次的分析往往不能完整体现整条线路的效益，所以还应对改扩建项目给企业层次带来的整体影响做出分析。

6.4 增量费用效益计算

城市轨道交通改扩建项目的效益可能表现在以下一个或几个方面：增加运量或运输能力、改善运输条件、提高运输质量、降低运输成本、提高技术装备水平、减轻劳动强度、节约能源，等等。

正确识别和计算改扩建项目的效益和费用是做好改扩建项目经济评价的前提。所有效益和费用均应反映在项目的经济评价中，能够定量计算的应计算其内容，否则应作定性描述。

计算改扩建项目盈利能力的费用效益采用增量法，具体计算方法如下：

1. 客运量的增量。客运量的增量是指改扩建及技术改造后项目预测客流量与原有线路现状客流或原有线路达到饱和运能后的客流之差。

2. 运营收入增量。改扩建及技术改造后，运营票价水平若有变化，运营收入增量可用改扩建及技术改造后各年度的运营收入与原有企业改建开始年的总收入之差求得。运营票价水平若无变化，则可用客运量的增量计算改建后的运营收入。

3. 改扩建及技术改造后，若有新增营业外净收入，也应按增量计列。

4. 工程建设费投资增量及折旧的处理。工程建设费投资增量除计入新增投资外，还应计列以下内容：

（1）原有废弃和拆除的工程设备尚有一定的价值，其固定资产的余值应作为新增投入计入投资，但不计算其折旧费。

（2）改造期间要干扰原有线路的正常运营，由此引起原有企业的损失（运营收入的减少）应列为费用。

（3）新增投资按其应计折旧额计算折旧费。

5．车辆购置费投资增量。车辆投资增量应按新增车辆计算新增投资，购置费应提前一年支列。若原有车辆部分淘汰或全部更新时，按其余值计入当年的增量现金流入（财务分析）或增量效益流量（经济费用效益分析）。

6．流动资金增量。流动资金增量按有项目流动资金计算公式计算，所得结果与原有企业流动资金之差为流动资金增量。

7．经营成本增量。经营成本增量可用改扩建及技术改造后各年度的运营成本减去原有项目改建相应年的运营成本求得。

计算城市轨道交通改扩建项目的增量效益和费用时，应填列辅助的计算报表。

7 评价参数

7.1 参数的作用

城市轨道交通项目经济评价所采用的评价参数是用于判断项目财务可行性和经济合理性的一系列评价指标的基准值和参考值，是计算、衡量建设项目费用与效益的主要基础数据。

7.2 经济费用效益分析参数

城市轨道交通建设项目属受益期长的基础设施建设项目，该项目远期效益较大，效益实现的风险较小，所采用的社会折现率为8%。

客流往返系数按2次计。

减少疲劳，提高劳动生产率按4%～5.6%考虑。

影子汇率换算系数为1.08。

7.3 财务分析参数

1．财务基准收益率

城市轨道交通建设项目财务基准收益率（融资前税前）的参考值为3%。

2．其他参数

（1）流动资金：

铺底流动资金按流动资金总额的30%计算。

若按配车数估算流动资金，每辆车配备流动资金按30万元考虑。

若按成本估算流动资金，流动资金周转天数可按90天计算。

（2）固定资产修理费率：

车辆固定资产大修费率可按2%左右计取。

土建固定资产修理费率可按1%左右计取（含日常修理和大修）。

设备固定资产修理费率可按2%左右计取（含日常修理和大修）。

（3）其他费用。成本费用中的其他费用可按成本费用项目的职工薪酬、车辆修理费用、其他修理费用、电力费、营运费5项合计的5% ~10%计算。

（4）固定资产折旧年限。城市轨道交通建设项目固定资产折旧年限及残值率见下表。

固定资产折旧年限表

序号	内容	折旧年限（年）	残值率（%）
1	隧道、地下站结构	100	按3% ~5%计算
2	高架桥	50	按3% ~5%计算
3	地下站装修、房屋建筑	35	按3% ~5%计算
4	轨道工程	25	按3% ~5%计算
5	供电工程	25	按3% ~5%计算
6	通风空调	20	按3% ~5%计算
7	自动扶梯及电梯	20	按3% ~5%计算
8	站台屏蔽门	15	按3% ~5%计算
9	自动售检票	10	按3% ~5%计算
10	防灾报警及环境监控	15	按3% ~5%计算
11	给排水及消防	25	按3% ~5%计算
12	通信信号、电力监控	15	按3% ~5%计算
13	车场维修设备	18	按3% ~5%计算
14	车辆	30	按3% ~5%计算

附录

项目基础资料

1. 资料收集与整理

（1）资料收集原则。项目社会经济资料是指与项目建设环境和背景有关的社会经济信息，它是经济评价的基础。社会经济资料应真实反映项目所在地区的社会经济状况和发展过程变化，有助于评价的真实性、准确性及合理性。

社会经济资料的内容，除工程规划设计所需的一般资料外，应根据经济评价计算分析的需要并结合工程的特点，有目的地进行搜集。

（2）资料收集方法。直接收集法：注重本行业国内外有关信息的积累及日常资料、数据及参数等的收集、分析和整理。应注意信息的真实性、可靠性及时效性。

间接收集法：利用当地政府发布的现行资料和信息及相关部门提供的数据来获取社会经济资料。

（3）资料的整理。社会经济资料收集齐全之后，应按照经济计算的要求，系统地进行整理和分析。基础资料及数据引用的准确、有效直接关系到评价的真实、可靠。采用历史资料和参数时，应注意社会经济的历史特点和参数的时效性，使其具有可比的基础。对有疑问的信息应进行核实或进行补充调查。重要的经济指标应对其做出可能的误差估计。

2. 调查资料

（1）项目所在地的社会经济资料。

统计年鉴资料：查询统计年鉴发布的近 10 年社会经济状况，分析近年来的增长情况和发展对比，包括国民生产总值、人均总产值、国内生产总值、工业总产值、零售商品价格指数、工业品零售价格指数、人口、公交行业职工平均工资、职工平均工资、居民人均收入和支出等，用于成本单价、效益指标的预测，职工工资的确定，票价的制定。

城市发展规划资料：城市规模和城市总体规划，城市（或地区）的国民经济的现状和发展规划。

（2）资金筹措渠道及财税制度。可供选择的资金筹措方案及其贷款条件；国家和地方的财税制度，纳税税种和税率；可用于城市轨道交通项目的优惠政策；可接受的经营体制和相应的税收政策。

（3）同类企业经济资料。

公交资料：现状公交车辆平均旅行速度、公交车辆平均每公里运营成本、公交票价、公交事故损失费、公交满载率、公交工作客流比率、公交职工平均工资、公交车购置费、公交配套设施费、公路建设费用、公路维修费用等。

同类运营企业的成本资料：当地或可供参照的同类运营企业的建设、营运状况，包括行业技术经济指标，成本与效益，盈亏状况，重要参数和经验等。有关的财会制度，企业目前缴纳的税务税种，折旧费率等规定。

（4）其他经济资料。供电部门关于电力单价的规定；有关部门颁布的关于经济评价的规定和参考资料；广告资料、物业开发资料；工程修建后项目所征用土地最好可替代用途的土地价值计算资料；其他所需的经济资料。

3. 专业内提供的资料

（1）客流资料。客流数据主要依据是所建项目评审通过的《客流预测专题报告》，其中预测数据应分为初期、近期、远期。主要数据包括：年客流量、高峰小时最大断面客流量、工作客流系数、站间 OD、平均运距等。根据运营初、近、远期的年客运量，利用内插法或预测年递增率法计算其他年份客流的数值。

（2）投资估算资料。投资估算主要是引用拟建项目可行性研究报告中的总投资估算表，根据工程筹划所做的分年、分项投资使用计划，主要材料工程量表。

（3）相关专业数据。相关专业数据主要依据是拟建项目可行性研究报告方案设计，其中专业数据应与客流预测数据对应分为初期、近期、远期。主要专业数据包括：线路长度、年行车公里、年用电量、职工定员、设计配车数、设计平均旅行速度、项目占地面积等。根据运营初、近、远期的专业设计数据，利用内插法或预测年递增率法计算其他年份的相关专业数值。

附加说明

《市政公用设施建设项目经济评价方法与参数》主编单位和编写人员名单

住房和城乡建设部标准定额研究所

李明哲　林　艳　胡传海　徐金泉　秦咸悦

上海市政工程设计研究总院

王　梅　陆勇雄　王德仁

中国市政工程中南设计研究院

胡　敏　张　俊　杨远东　邓志光　刘　军

中国市政工程华北设计研究院

王晓军　廖荣平　王　淮　霍　晴

中国市政工程西南设计研究院

孔　川　童润南　何碧筠　丁　伟　王　虹

北京市市政工程设计研究总院

兰　建　俞惠文

北京城建设计研究总院有限责任公司

朱　民　邓志高　李　欣　朱振宇　王春生

此外，刘璇亦、朱兆芳、李巧雪、董红梅、刘咏、朱洪、史富文同志也参加了部分工作。